你的善良必须有点锋芒

马一帅◎著

中华工商联合出版社

图书在版编目(CIP)数据

你的善良必须有点锋芒 / 马一帅著. --北京：中华工商联合出版社，2017.6

ISBN 978-7-5158-1985-3

Ⅰ.①你… Ⅱ.①马… Ⅲ.①人生哲学-通俗读物
Ⅳ.①B821-49

中国版本图书馆 CIP 数据核字(2017)第 077878 号

你的善良必须有点锋芒

作　　者：马一帅
责任编辑：吕　莺　张淑娟
装帧设计：芒　果
责任审读：李　征
责任印制：迈致红
出版发行：中华工商联合出版社有限责任公司
印　　刷：三河市燕春印务有限公司
版　　次：2017 年 8 月第 1 版
印　　次：2024 年 5 月第 4 次印刷
开　　本：710mm×1000mm　1/16
字　　数：230 千字
印　　张：15
书　　号：ISBN 978-7-5158-1985-3
定　　价：72.00 元

服务热线：010-58301130
销售热线：010-58302813
地址邮编：北京市西城区西环广场 A 座
19-20 层，100044
http://www.chgslcbs.cn
E-mail:cicap1202@sina.com(营销中心)
E-mail:gslzbs@sina.com(总编室)

凡本社图书出现印装质量问题，请与印务部联系。
联系电话：010-58302915

Preface | 前　言 |

1

我们需要善良，但是不要过度善良。爱默生说过："你的善良，必须有点锋芒，否则就等于零。"

你以为的善良，有时其实只是懦弱，如果你习惯了"吃亏"，习惯了沉默，习惯了委屈自己，习惯了不拒绝所有人，你便会忘记，其实你可以有态度，可以有观点，可以有能力，可以过你想要的生活。

2

当我们步入这个充满竞争的现实社会，过度善良，往往容易成为一种伤害。

我们的过度善良，在一些别有用心的人眼里就是"傻"，于是他们总是想从你这里捞点"油水"，占点便宜。

俗话说得好："害人之心不可有，防人之心不可无。"一方面，与人相处，我们不能心怀诡计，总是和别人"耍心眼"、玩"心计"。否则就难以交到真朋友，更谈不上扩大自己的"人脉圈"，事业的成功也只能是一纸空谈。另一方面，我们也不能太过老实，任人"宰割"，对谁都一味地"掏心窝子"，那样"吃亏"的必将是自己。

在这个竞争激烈的社会，我们如果不想处处碰壁，就必须懂得一些生存的"潜规则"，适当地掌握一些基本的人情世故、做人艺术和处世技巧。

比如，在某些场合，我们要善于"吃亏"、敢于"吃亏"，但是不能吃"哑巴亏"；我们要学会为自己争取利益，但不能不讲原则，不能不择手段地去抢别人的功劳；我们要学会赢得人心，找到生命中的"贵人"，但不能机关算尽、不劳而获；我们要与人为善，但不能让恶人利用我们的善良作威作福；我们要说真话，但不能不分场合、不分对象，要懂得有所保留，该说的说，不该说的不说……

我们决不可拘泥于善良，无知地自我陶醉。换句话说，我们的善良，必须有点锋芒。

3

地球是圆的，万物是活的，人心是多变的。灵活地运用做人之道，我们才能在这个社会中，为自己塑造一个有形的“自我”，为自己赢得一片更宽广的生存之地。

本书告诉我们，在善良、真诚、宽容的基础上，我们还应该明白“水流不腐，人活不输”的道理。做人不应该一成不变，而应该根据环境的变化来相应地调整自己。

本书教我们抛开呆板的思维和处世方式，教我们凭着自己的智慧和胆识，在善良、真诚、宽容的基础上，掌握做事的分寸，智慧灵活地待人接物。如果做到了这些，我们的人生道路必然会少很多曲折和坎坷！

Contents | 目　录 |

……

※

第一章

你所谓的宽容忍让，其实是放纵懦弱

※

……

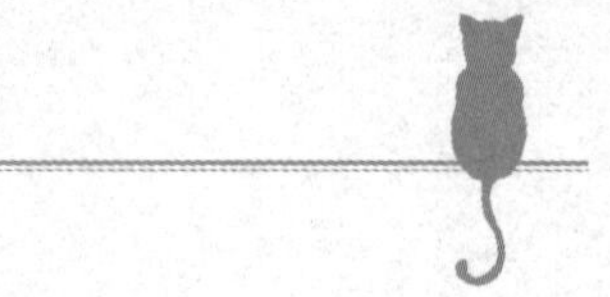

我们主张，人应该是有锋芒的，虽然不必像刺猬那样全副武装、浑身带刺，至少也要让那些凶猛的动物感到无从下口，倘若张口咬你只会得不偿失。

1．若听从恶的摆布，那就是善的悲哀

在我们身边，到处都有这样的“受气者”，他们看起来软弱可欺，最终也必然为人所欺。一个人表面上表现出来的软弱更容易助长和纵容别人对自己的侵犯。

何正德是某出版社的职员，在工作中他处处小心、事事谨慎，对每位同事都毕恭毕敬。即使偶尔与同事发生点小摩擦，他也从不据理力争，总是默默地走开。

大家都认为何正德太老实、太“窝囊”，于是都不把他当回事，以至于在许多事情上他都“吃了亏”。想起两年来同事们对自己的态度，尤其在奖金分配上自己老是“吃亏”，何正德心里觉得很委屈。这样的现实使他不得不开始对自己的为人处世方法进行反思。

有一天，办公室的一位同事因擅离职守丢了东西。这位同事诬陷何正德，说是他代自己值的班。

主任在会上通报这件事时，何正德马上站了起来，说道：“主任，今天的事你可以去调查，查一查值班表。今天根本就不是我值的班，怎么能说是我不负责任？有人别有用心想让我替他受过。并且，我要告诉你们，大家在一起共事也是有缘，我实在是不想和大家争来争去。以后，谁要再像以前那样待我，对不起，我就‘不客气’了。”

经过这件事，何正德发现同事们对他的态度有了明显的转变。他也从

此“抬起头”“挺起胸”来，不再扮演被人欺负的角色了。

在社会上，尤其是职场上，一味地忍让并不可取。真正的生存法则是勇敢面对，从每件小事开始做起，把握原则，坚持真理，杜绝邪恶，不要让他人的无理越演越烈，最后发展到无法收拾的地步。

善良的人对待其他善良的人，应该是善良的，这是本分。善良的人若是对待凶恶的人还是一味地善良，表现得太过温和、仁慈，则往往会被对方欺负。

电视剧《水浒传》里有这样一段剧情：

林冲被高俅栽赃诬陷，进而被发配沧州，路上被押送的官差欺辱。甚至，在经过野猪林时，两个押送他的官差还准备结果了他的性命。眼看着大刀就要落到林冲的脑袋上，在这千钧一发之际，鲁智深仿佛从天而降，他大喝一声，挑开官差的大刀，紧接着三拳两脚就把他们打得屁滚尿流，磕头求饶。

鲁智深那满脸张扬的胡须、不怒而威的神态、膀大腰圆的身架，以及手中那把月牙大禅杖实在是让人望而生畏，更何况是在他发怒的时候呢！再看林冲，则是一副柔弱斯文的模样，哪里有一点八十万禁军教头的威风和派头？林冲心地虽善良，却有一点迂腐和不懂变通，真是空有一身的好本领！

人们在同情林冲的不幸的同时，也往往会感叹他的软弱——他被两个官差所欺，也有他自身的原因。林冲的武功在鲁智深之上，解决两个官差绝对不在话下，即使带着枷锁也毫不费力。但就是因为他表现得太善良，所以才被两个小人欺负。如果他能有鲁智深的霸气，就不会落得差点被杀的下场了。

此时，如果善不是恶的对手，那是善的一种无奈，但如果善能战胜恶，却不愿意去战胜恶，而只是幻想自己的善能够感化恶，而任由恶来欺负自己，听从恶的摆布，那就是善的悲哀了。

…… ※ ……

2. 处处讨好，结果只能吃力不落好

不知道你有没有遇到过这样的情况：不分场合地示人微笑，人家觉得你没个性；你胸无“城府”地多次借钱给朋友，对方很快习以为常，你倒是被逼入两难的境地——不借，怕伤感情。借，白遭损失……这便是一个典型的无原则的“滥好人”，处处讨好却不落好。

高倩刚刚毕业参加工作时，父母就和她说：“不要和同事斤斤计较，遇事自己多干点儿。”高倩是个听话的孩子，于是，进入公司后，她总是小心谨慎，每逢节假日值班，不论谁开口请她帮忙，她都会答应，为此不知放弃了多少个节假日。

时间长了，高倩自己都开玩笑说自己成“值班专业户”了。平时上班，她总是早早就到了，收拾桌面，打扫办公室；只要谁说一句“没吃早餐好饿呀，有没有什么东西填肚子?”她就赶紧拿出自己买的点心，送到对方手上；炎炎夏日，她还经常买些冰镇可乐带给大家喝。她成了公认的“大好人”。

后来，随着工作渐渐增多，高倩没有再像以前一样帮同事们跑腿了，结果同事们的抱怨接二连三而来。有的同事还当着高倩的面说："摆什么架子嘛！来来来，帮我把这份材料送到各个部门去。""嗨，去仓库帮忙领一包打印纸过来，我们等着用呢！"碍于情面，高倩还是照做了。

上例中的高倩便是一个典型的"滥好人"。当然，和同事搞好关系是应该的，但这要看你和同事之间的"好关系"是靠什么来维持的，他们对你的"好感"又是如何形成的。如果因为你是一个很好"使唤"的同事，能够为他们减轻很多负担，甚至成了他们犯错时的"替罪羊"，显然这样的"好关系"不值得庆幸。职场中人，尤其是初涉职场的新人，一定要记住，和同事相处，我们不能做"坏人"，但也别做毫无原则的"滥好人"。

吴浩是个老实人，朋友常常夸他"人缘好"。然而，他的"好"让他在生活中吃了不少亏。比如，在和售货员打交道时他总是抹不开"面子"，人家推荐的东西，他明明不需要，但看着售货员一脸真诚，就只好买了；朋友向他借钱，明明他自己也不宽裕，却还是勒紧裤腰带，给朋友双手奉上……

有一次，一个同事说刚找了女朋友要去约会，请吴浩帮忙值班。他应承了下来。但是，就在那一天，公司的电脑中毒，丢了很多重要的资料，所有人都把责任推卸得一干二净，只有吴浩因为值班，被公司处罚。

这件事之后，吴浩决定再也不做这样的"滥好人"了。一次，他去商店买鞋，看到一双鞋很喜欢，就告诉售货员，他要买这一双。正当售货员把鞋装进鞋盒的时候，吴浩注意到其中一只鞋的鞋面上有一道擦痕。他抑制住自己当即萌生的不去计较的念头，说道："请给我换一双，这只鞋上有擦痕。"

售货员回答道："先生，这个号的鞋子只有一双了，要不这样吧，给你打个九折怎么样？""不行！没有我就不要了。"吴浩说着要走，另外一个售货员赶忙追上来说：“别急，这里还有一双呢。”这个时候，吴浩才明白，原来，他以前经常无条件地接受别人的请求，换来的只是对方的敷衍。自从他有所改变以后，他觉得别人开始真正地尊重自己了。

做人要“有棱有角”，不要以为别人给你安个“好人”的称号你就可以放弃自己的个性。当然，不让你做“滥好人”并不是不让你做好人。

做好人，首先要确立自己做人的原则。有道是，君子有所为，有所不为。例如，宁可舍身救人，也不帮助邪恶小人；宁可送东西给那些需要帮助的人，也不借东西给那些把你当作棋子说丢就丢的人……这都是原则。有了原则，对别人的要求你就不会照单全收。但如何坚守原则常常也是“好人”的困扰所在，因此要有拒绝的勇气。如果你能善于拒绝，别人自然就不敢随便向你提无理或不利于你的要求了。

让他人了解你的处世原则，可以采取事前打“预防针”的方式，这样就会在一开始“封住”别人的要求。这种方式是在日常行为当中，适时地“透露”一些自己做事的原则，不经意地告诉别人一些自己的“忌讳”。以“预防”为主，会让你省却许多麻烦，毕竟开口说“不”，对一个好人来说更难一些。

还有一点要说明的是，待人处世的原则要以明辨是非与独立思考的能力做后盾，否则人就容易拒绝不应拒绝的事，接受不该接受的要求。

3.岂能尽如人意，但求无愧我心

生活很累，是现代人的普遍感受，这很大程度上是因为追求完美。也许你已经发现，不管自己是多么努力，行为是多么正确，自我反省是多么深刻，都永远达不到所有人对自己的要求。世界这么大，人的思想观点迥异，企求人人一致地赞同一件事，难乎其难，甚至是不可能的。

每个人都会有他自己的思想，都会根据自己的想法来看待世界。所以，不要试图让所有的人都对你满意，否则你将永远得不到快乐。

父子俩牵着驴进城，半路上有人笑他们：真笨，有驴子不骑！

父亲便叫儿子骑上驴，走了不久，又有人说：真是不孝的儿子，竟然让自己的父亲走路！

父亲赶快叫儿子下来，自己骑到驴背上，又有人说：真是狠心的父亲，不怕把孩子累着！

父亲连忙叫儿子也骑上驴背，谁知又有人说：两人骑在驴背上，不怕把那瘦驴压死？

父子俩赶快溜下驴背，把驴子四肢绑起来，用棍子扛着。经过一座桥时，驴子因为不舒服，挣扎起来，结果掉到河里淹死了！

很多人做人、做事就像这故事中的父亲一样，人家叫他怎么做，他就怎么做；谁抗议，就听谁的！结果呢？大家都有意见，而且大家都不满意。

一个人要做到面面俱到，不得罪任何人，是绝对不可能的！因为你不可能顾到每个人的“面子”和利益，你也不可能顾到每个人的立场，每个人的主观感受和需要都不同，你要让每个人满意，事实上，就是让所有人都不满意！

结果，为了照顾所有人，反而把自己弄得身心俱疲。

那应该怎么做？做你该做的！也就是说，你认为对的，就不动摇地去做，参考别人的意见时要看意见本身，而不是看别人的脸色。这么做有时确实会让一些人不高兴，但你的不动摇，却可在事后赢得这些人的尊敬，毕竟人还是要服膺公理的，除非你的坚持纯属出于私心！

俗语说：“岂能尽如人意，但求无愧我心。”

一次，一位诗人把自己的得意诗作拿到广场上去展示，很自信地对人们说：“如果你们认为有败笔，尽可以指出。”到了晚上，诗人的作品上标满了记号，人们挑出了无数个他们认为是败笔的地方。诗人非常不甘心，灵机一动，又写了一首完全相同的诗拿到广场上展示，不同的是这次他请人们标出诗中的妙处。结果到了晚上，诗人看到所有曾被指责为败笔的地方，如今都换成了赞为妙处的记号。于是，诗人得出一个结论：“我发现了一个奥秘，那就是不管我们干什么，只要使一部分人满意就够了，因为在有些人看来是丑恶的东西，在另一些人的眼里，恰恰是美好的。”

诗人的大悟，对我们对待非难、诽谤应采取何种态度也有所启发；而诗人的这种做法，也可以在一定程度上帮助我们想出如何减轻非难、诽谤的方法。

我们在为人处世时经常根据别人的反应来决定自己的做法，而很少按自己的意愿去行动，尤其是在关于“成功”“幸福”之类重要的问题上，一切似乎已经有了约定俗成的标准。弗洛伊德说：“简直不可能不得出这样的印象，人们常常运用错误的判断标准——他们为自己追求权力、成功和财富，并羡慕别人拥有这些东西，他们低估了生命真正的价值。”

心理学家指出，如果给出两组完全相同的人像，在一组人像下写“残暴”“凶恶”“狠毒”一类的词，在另一组人像下写“果敢”“勇毅”“顽强”一类的词，请两组被试者对人像做职业估计，那么前一组人像很可能被猜为罪犯，而后一组人像则可能被猜为军人。人们的内心有一种很强烈的接受外界暗示和通过语言、形象的传播媒介树立形象的欲望，它构成了所谓的“心理导向效应”。

懂得了这一点之后，你如果要使自己摆脱困境，减小压力，争取更多的赞同，就可以根据不同的情况采取不同的措施。让每个人都满意是不可能，也是没有必要的。

现实生活中我们常常遇见类似的事情。比如，当你做了一件善事，引起身边同事们的注意时，你会听到各种截然不同的评论：张三说你做得好，大公无私；李四说你野心勃勃；上司称赞你有爱心，值得表扬；下属则说你在做个人宣传……总之，各种各样的议论会迎面扑来。这时该怎么办呢？最好的方法，就是抱着“有则改之，无则加勉”的态度。

事实上，一个人是不可能让所有人都对自己满意的，即使已经尽心尽力在做了，还是会有让别人不满意的地方。因此，最重要的是要对自己的良心、对自己的努力负责。

人如果太在乎别人的赞美，会变得骄傲、得意；如果太在意别人的批评，会觉得懊恼、无奈，对自己或是对事情都会有不好的影响。所以，最好的方法应该是：保持一颗平常心，把事做好。

不要为了让周围每个人都对你满意而处处谨小慎微，不要因为太过顾及他人的眼光而改变自己的言行，不要为了让所有人都满意而委屈了自己。

情绪的过分紧张和焦虑，会影响一个人的生活情趣和解决问题的能力，对于生活中遇到的始料不及的事，应该学会放松，调节自己的情绪，保持生活的规律和睡眠的充足，以饱满的精神状态去面对，并学会倾诉和寻求帮助来排解不快。

人活一世不容易，何必事事都在意？坦然一点，淡定一点，乐观地面对生活吧。

…… ※ ……

4. 小心“善变”的人

生活中，我们常常会碰到这样的人：你“有用”的时候，他竭尽所能地巴结你、讨好你；等你没有了利用价值，他便像丢棋子一样，把你丢在一边。这样“变脸”比变天还快的小人当然是不可交的。可是，对方伪装成另外一副模样的时候我们并不容易察觉到，等到出现问题了，也只能自己承受后果了。

何其和魏东生在同一个公司的同一个部门工作，两个人关系不算很好，但也还过得去。一天，魏东生私底下找到何其，有点儿不好意思地说：“何其，我想跟你借点钱，大概三个月就还给你。你看行吗？”何其是那种不会拒绝别人的人，看到魏东生这样子，就答应了他。

两个月之后，魏东生不仅还了钱，还附带了三个月的利息。魏东生满怀感激地说：“关键时刻是你借给我钱的，数目虽然不多，但帮了我大忙，这利息是你应得的，就别跟我客气啦。”

何其听魏东生这么说，觉得也对，就接受了利息，并且觉得魏东生是个言而有信的人。从此，魏东生隔三差五地就跟他借钱，每次数目都不大，而且都能在规定日期之前归还，还会附带利息。正是由于这个原因，两个人经常在一起聊天，俨然成了好朋友。

突然有一天，魏东生急匆匆地来找何其："我的钱被套住了，现在需要一笔钱来周转，你一定要帮我啊。"

何其痛快地说："没问题，要多少？"魏东生说："这次数目大了些……但还是三个月还。"何其犹豫了一下，但一想到魏东生每次都能按时还，相信这次也不会例外，就说："没问题。"但是两个半月之后，魏东生就辞职离开了公司，任凭何其怎么给他打电话，都没有回应。

善于"变脸"的人，通常当面一套，背后一套，过河拆桥，不择手段。他们在你春风得意时，会对你点头哈腰、笑容满面；而当你遭受挫折、风光尽失后，则会满脸不屑，避而远之。

这种惯于使用"变脸术"的"朋友"，对你永远也不可能有什么真心。所以一旦发现这种小人，就应该尽快远离他们，千万别被这种"朋友"迷惑住了。

郭东在一家杂志社工作了半年，他的顶头上司王主任觉得他颇能吃苦，又很有才华，是个不错的小伙子，有意提拔他，于是常常把一些重要的工作交给他做。

一年后，策划部的主管离职了，王主任便极力向高层推荐郭东。郭东也比较争气，就在这个时候，他主编的一本书获得了省优秀奖。于是，公司决定让他做代理主管。刚当上代理主管，郭东更是努力，勤勤恳恳地工作，不到两个月，就把策划部打理得井井有条，还向上级主管递交了自己的一些新想法。当这些想法被采纳以后，郭东成为策划部的正式主管。

两年以后，因为公司发行部的牛经理出国，发行部便空出一个经理的职位。大家都知道，公司里最有可能接替这个职位的人就是王主任和郭东。

其实，在王主任心里，并没有去和郭东抢这个职位的意思，他觉得，郭东年轻有为，在短短的两年时间内做出了不少成绩，如果郭东能顺利升迁到这个职位，一定对公司有好处。

然而，让王主任万万没想到的是，为了和王主任竞争这个位置，郭东竟然私下里去找杂志社的总经理，还和其他同事说，王主任不过是有点老资格，论管理能力和文采没有一点过人之处。

听到这些传言，王主任实在是感到心寒，曾经他一手提拔的郭东，原来只是把他当成了一颗棋子，不但没有感恩的心，反而落井下石。

王主任凭着在公司十几年的同事基础，还有和总经理的交情，竞争这个位置，其实不算什么。后来，总经理找王主任谈话，征求他的看法。当王主任把郭东的为人向总经理和盘托出时，总经理便不打算再重用郭东了。

在生活中，我们一定要谨防那些惯于把别人当棋子来利用的小人，这样的人总是以利益为重，毫无公德可言。所以，当你发现身边有这样的人时，请尽早远离；如果你并不知道对方是否是“善变”的人，那就应该多加观察、分析，以防上当受骗。

5．妥协过了头，就是对自己的伤害

美国迪士尼经典动画片《小熊维尼历险记》里有这样一个片段：

老虎每天总是跳来跳去，兔子不喜欢他这样。后来老虎发生了一次意外，向兔子发誓再也不跳了。可后来当大家看到老虎落寞的背影时，便开始纷纷议论，说他们还是更喜欢以前那个跳来跳去的老虎。在其他动物的压力下，兔子不愿伤了大家的感情，于是很快改口说，其实自己也很喜欢那个跳来跳去的老虎。本来已经落寞离开的老虎，又蹦蹦跳跳地回来了。

我们在生活里经常遇到和兔子类似的情形：我们不喜欢某人，却因为别人对他的夸赞，也跟着人家改口说喜欢；我们不喜欢做某事，可因为别人想做，而自己又不好意思拒绝，就只能成了人家的“应声虫”。我们不仅不能对自己讨厌的人和事大声说“不”，还要强颜欢笑、随声附和。这看上去似乎有些无可奈何，可细细想来，我们之所以会身不由己，其实都归咎于那些毫无原则的妥协。

妥协就是让步，以避免争执和冲突。在人际交往中，妥协往往意味着接纳、包容与让步。妥协的意义在于它能够让人际关系更加和谐，减少不必要的纷争，使各种矛盾更容易化解。尽管妥协是与人相处时必不可少的一种品质，但这并不意味着我们就要无休止地妥协下去，尤其是在自己内心不愿意的时候，更不应一味地迁就和让步。

媛媛是某学院的研究生，平时学习非常刻苦，为人谦虚随和。有一次，学院请来一位德高望重的老教授给大家做讲座。讲座的内容十分精彩，老教授的个人魅力也深深地感染了在座的师生。媛媛对教授讲的有些内容不是很明白，打算单独向他请教一下。于是，在讲座散场后，她便去向老教授请教。

在教学楼门前的广场上，媛媛很有礼貌地跟老教授打了招呼，讲明了自己的来意。老教授显得十分开心，热情地说："像你这样好学的年轻人，实在让我欣慰。你看今天天气那么好，我很想散散步，我们不如就边走边聊吧。"

老教授的提议并不过分，媛媛心里却打起了鼓。因为她今天穿着新买的高跟鞋，走起路来不太方便。可当着老教授的面，她不好意思明说，更不想扫了他的雅兴，于是就和他一同散起步来。

一路上，老教授兴致勃勃地给媛媛讲解着各种问题，还不时地停下来欣赏校园里春天的美景。可任凭他讲解得多精彩，媛媛却根本听不进去，因为她的脚很痛，一步一个趔趄。

当他们走到学校门口时，来接老教授的车已经等候多时了。媛媛想快走两步，为老教授开车门，可一下没站稳，摔倒在了路边，一只鞋也被甩出去很远。老教授见状，连忙过来搀扶，这时他才注意到，媛媛的脚上有多处擦伤，鲜血还不停地往外流。媛媛涨红着脸向老教授道出了实情，老教授拍拍她的肩膀，笑着说："年轻人，你根本用不着为了迁就我而伤了自己。"

这位老教授说得没错，媛媛根本不必如此。如果老教授提出散步的建议时，她能够主动大方地讲出自己的为难之处，对方必定不会责怪她。即便是两个人坐下来讨论问题，也不会对这次请教造成什么影响。相反，媛媛一味地迁就、妥协，最后还在教授面前"出了丑"，不仅泄露了自己的“秘密”，就连一路上老教授讲的内容也完全没有听进去，实在是得不偿失。

不恰当的妥协就是委屈自己去做那些自己不想做的事。有的人本来怀着善意，从一开始便选择让步和顺从，但是这种近乎宠溺的相处方式，会渐渐让对方觉得“顺从自己”是理所应当。到最后，一味地妥协不仅得不到他人的好感，反而可能惹祸上身。

小袁是一名安全监管员，他经常要和同事一起到下面的工厂进行安全检查。有时候他们要顶着烈日奔波很远的路程，小袁做事细心，包里经常带着两瓶矿泉水。

有一次，一个同事感冒了口渴，又没有带水，小袁出于好心就把自己的水给他喝了。没想到从此以后，同事们都知道了小袁包里有水，便再也不想着自己带水了。每当口渴的时候，他们便毫不客气地向小袁要水喝。起初，小袁不好意思拒绝，只好自己渴着，把水分给大家。

可小袁的善意没有得到好的回报，同事当中出现了很多流言蜚语，有的说“小袁真不厚道，把水分给小李却不愿意给我”，有的说“小袁这人真自私，才给我留下那么一点水”。面对这些非议，小袁觉得再也不能沉默了，当同事又一次向他要水喝时，他不再怕伤了同事之间的感情，而是直接拒绝：“我的水是留给我自己喝的，请你们以后自己带水吧。”

小袁的拒绝让那些已经习惯伸手的同事颇感意外，他们的心里对小袁产生了敬畏，从那以后便开始自己带水了。

顺从别人让对方满意，似乎是表达自己的善意的好方式。但任何事情都有两面性，如果妥协过了头，就变成了姑息和纵容。所以，妥协要掌握合适的尺度，不要用牺牲自己的个性、尊严甚至健康的方式去换取别人的好感。如果不想做就要直说，不要担心会伤了大家的感情，尤其是在对方提出明显对自己不利的要求时。

6. 拒绝不怀好意的“套近乎”

在社会中，有很多喜欢“套近乎”和阿谀奉承的人。他们像小丑一样不遗余力地与他人“套近乎”“拉关系”，说着口是心非的奉承话，他们大都有着一些自己的目的，或是为了保住自己的“饭碗”，或是为了得到领导的重用，无非都是为了谋取个人利益。

《省心录》中有云：“轻诺者，信必寡；面誉者，背必非。”那些善于在别人面前溜须拍马、阿谀奉承的人，往往并非出于真心。如果不对这样的人加以防备，就容易被他们的献媚之举所迷惑，给自己带来伤害。

沈君有一家食品公司，专门经营酱肉制品的生产和加工业务。由于一直秉持着“顾客至上，信誉为先”的经营理念，沈君的公司在业内和消费者中有着很好的口碑。

一天，一个同行找到了沈君。沈君与他并不熟识，他们仅在行业推广会上有过一面之缘。没想到，此人一进门，便和沈君攀起了亲戚：“哥，我看您来了。”

对方的问候让沈君有些摸不着头脑，还没等他开口问明情况，对方又抢着解释道：“您真是贵人多忘事，咱俩应该算是老乡，小时候我就住您隔壁村子。因为那时候我人长得黑，大伙就给我起了个外号叫‘小黑’，这下您记起来了吗？”

虽然沈君觉得自己不认识一个叫“小黑”的人，但既然是老乡，沈君还是很客气地招待了他。小黑眯着眼在沈君的办公室里四下张望，不无感慨地说："哥，你们这些做大买卖的人就是不一样，连办公室都这么阔气，不像我那小公司，就那么几个人。"

沈君知道这是恭维之语，但听起来却觉得很舒服，他笑着对小黑说："你是不是有什么事找我？"

小黑也不客气，直言不讳地讲明了自己的来意。原来他的公司最近经营上遇到了困难，有大量的存货卖不出去，所以他想把自己的产品挂上沈君公司的标签，拿到市场上去销售。如果换作别人提出这样的请求，沈君肯定毫不犹豫地将其拒之门外，但对于这个老乡，沈君有些犹豫了。

小黑看出了沈君的心思，继续说道："哥，这对别人来说的确是难事，但对您这样的成功人士来说还不是小事一桩啊。何况我卖出的商品所得的利润分您一半，就当是我的加盟费，这对您一点损失都没有啊。看在老乡的面子上，您就照顾照顾我吧。"

小黑的一席话，让沈君动了心：人家那么看得起我，哪里还好意思拒绝，不如就帮帮他吧。沈君最终答应了他的请求。可没到一个月，沈君不仅没有从小黑那里得到半点好处，还接到了法院的传票。原来，小黑公司的产品存在着严重的食品安全隐患，很多消费者吃完酱肉后先后出现了不良反应。因为这些产品都贴着沈君公司的标签，所以沈君被告上了法庭。

《邹忌讽齐王纳谏》一文中有这样一句："吾妻之美我者，私我也；妾之美我者，畏我也；客之美我者，欲有求于我也。"下饵是为垂钓，张网是为捕获，摇尾是为乞怜。那些不惜放弃自己的尊严去"套近乎""拉关系"的人不就是希望自己献媚的言行能博得他人的好感，从而在规则和情理之外得到更多的好处吗？只可惜沈君并没有认识到这个问题，被小黑的讨好冲昏了头脑，不好意思拒绝他的无理请求，最后弄得自己身败名裂。这个教训实在有些惨痛。

很多人都爱听"好话"，但听好话时不能不辨是非、"照单全收"。

宋璟是武则天时期的重臣，以刚正不阿著称。有一回，一个人转交给他一篇文章，说这篇文章的作者很有才华。宋璟本是爱才之人，于是放下手中的公务，认真地读起这篇文章来。起初，宋璟觉得这篇文章确实写得很好，文章的作者理应受到重用。可他越读到后面，越觉得不对劲，直到最后才终于明白，这个作者写这篇文章的目的其实是巴结自己。在这篇文章里，作者对自己极尽吹捧之能事。这不仅没让宋璟对那个作者产生好感，反而使宋璟十分生气。他对送文章的人说："这个人的文章不错，但品行不端，想靠巴结我来升官，重用他对国家是绝对没有好处的。"最后，这个人没能如愿以偿得到重用。

由此可见，宋璟其人能够明辨是非，不会陷入巴结吹捧之人的彀中。我们对自己也应该有清醒的认识，不要在别人不着边际的夸赞面前沾沾自喜，更不要因为别人不怀好意的"套近乎"而失去自己的原则。虽说"伸手不打笑脸人"，但对那些目的明确的"套近乎"之辈，千万不要不好意思拒绝。

第二章

为什么你本性善良，却不讨人喜欢?

生活中，我们会发现这么一类人，他们本性善良，待人热情，但是依旧不讨人喜欢，好心却最后办了坏事……

1. 答应帮别人办事，首先要看自己能不能办到

当朋友托我们办事时，我们尽力提供帮助是理所应当的。但是，办事要量力而行，不要做“言过其实”的许诺。因为，诺言能否兑现除了个人努力的因素，还有客观条件的制约。平时可以办到的事，由于客观环境变化了，一时办不到，这种情形也是常有的。因此，我们在朋友面前不要轻率地许诺，更不要明知办不到还“打肿脸充胖子”，在朋友面前逞能，许下让自己“寡信”的“轻诺”。否则，当我们无法兑现诺言时，我们不仅得不到朋友的信任，还会失去这个朋友。

有一个年轻人在银行工作。他以前的老师想开一家公司，缺少资金，便来问他能不能帮忙贷款。他想：这是老师第一次找自己帮忙，怎么能拒绝呢？当即一口答应。可是，他毕竟刚参加工作不久，老师的贷款请求又不完全合乎规章。所以，当老师租好门面，请好员工，等着资金开业时，他这里却拿不出钱来，搞得很被动。老师大怒，责备他说：“你这不是捉弄我吗？你即使不想帮我，也不该害我啊！”他最后只能苦笑。

有些人是因为不好意思拒绝别人而向别人承诺，而有些人则喜欢胡乱吹嘘自己的能力，经常随随便便向别人夸下海口，承诺自己根本办不到的事情。结果不但事情没有办成，自己的“人缘”也没有了。

一旦许下诺言，就不要反悔——人不能言而无信。

所以，不要轻易向人承诺——不轻易向人许诺你办不到的事——这是不失信于人的最好方法。

要树立守信的形象并不容易，最重要的一条是：别答应你无法兑现的承诺。这不仅是一个主观上愿不愿意守信的问题，也是一个有无能力兑现的问题。一个人经常答应自己无法完成的事，会使别人一次又一次地失望，也会使自己的形象越来越差。

一个商人临死前告诫自己的儿子："你要想在生意上成功，一定要记住两点：守信和聪明。"

"什么叫守信呢？"儿子焦急地问。

"如果你与别人签订了一份合同，而签字之后你才发现你将因为这份合同而倾家荡产，那么你也必须照约履行。"

"什么叫聪明呢？"

"不要签订这份合同。"

我们在这里强调不要轻率地对他人做出许诺，并不是一概不许诺，而是要三思而后行，尽量不说"这事没问题，包在我身上"之类的话，要给自己留一点余地。顺口的承诺，往往是一条只会勒紧自己脖子的"绳索"。

对待他人的要求，要注意分析，不能一概满足。必须搞清楚他人的要求是正当的还是不正当的，是否符合原则或规范。千万不能碍于情面，有求必应、有求必办。

对待他人的要求，是否要拒绝，该如何拒绝，下面几点可供借鉴：

（1）问清目的

他人要求你帮助或希望与你合作完成某事时，你必须首先问清楚是什么事、动机是什么、目的何在。如果是正当的，在你力所能及的范围内可尽量提供帮助，以尽朋友之谊。假如对方的要求，你认为超出了正常范围，就应该毫不犹豫地拒绝。

（2）态度坚决

无论对方的要求多么恳切，只要你认为不能接受，便要态度明确、坚决地予以拒绝，不能留有余地。也不要给对方出主意，否则，你仍难脱“干系”，说不定他还会来找你，让你想办法。

（3）接受指责

遭到了拒绝，对方的要求不能达到，他往往会对你加以指责。对此，你可以表示接受。这里需要注意的是，千万不能中了对方的激将法。如对方说：“我就知道你做不到，看来果然如此。”对此，你不妨报之一笑，承认自己能力有限。

（4）消除愧疚

拒绝他人的要求，对方可能会愁眉苦脸、唉声叹气。这时候，你没必要自责，也没必要感觉愧疚。既然拒绝了，自然有你拒绝的理由。最好的做法是，用你的正当理由来消除自己内心的愧疚，达到心理上的平衡。

（5）电话拒绝

有时候人会碍于“面子”，当面不好意思拒绝他人。这种情况下，你可以让对方先回去，告诉对方等你考虑后再给他答复。然后，打个电话把你的意见告诉他。这样，可以避免不好启齿或造成尴尬的情况出现。

2. 指出他人的错误要有技巧

有一句网络流行语是“人艰不拆”，意思是，人生已经如此艰难，何必要去拆穿？很多时候你自以为好心，善良地提醒了他人的错误，事实上对方非但不会感激你，还会对你心怀不满。

因为，很多时候，当人们犯了错误时，并非意识不到犯了错误，只是因为“面子”顽固地不肯承认而已。所以，当你对一个人说“你错了”时，必然会撞在他固执的墙上。

有些人有武断、固执、嫉妒、猜忌、恐惧和傲慢等缺点，所以很难向别人承认自己错了。而且，一个人说错话或者做错事，总是有原因的，有时候即使明知自己错了，也会强调客观原因。

有一位先生请一位室内设计师为他的居所布置一些窗帘。当账单送来时，他大吃一惊，意识到在价钱上吃了很大的亏。

过了几天，一位朋友来看他，问起那些窗帘时，说：“什么？太过分了！我看他占了你的便宜。”

这位先生却不肯承认自己做了一桩错误的交易，他辩解说：“一分价钱一分货，贵有贵的价值，你不可能用便宜的价钱买到高品质又有艺术品位的东西……”

结果，他们为此事争论了一个下午，最后不欢而散。

很多时候我们不愿承认自己的错误，完全是情绪作用，跟事情本身没有关系。既然我们自己会这样，那么就可以理解别人也会这样，因此不要把所谓的“正确”硬塞给别人。

有一位汽车代理商，在处理顾客的抱怨时，常常是冷酷无情，绝不肯承认是自己这方的错误，总想证明问题的根源是顾客在某些方面犯了错误。结果，他每天陷于争吵和官司纠纷中，心情一天比一天差，生意也大不如以前。

后来，他改变了处理客户抱怨的方法。当顾客投诉时，他首先说：“我们确实犯了不少错误，真是不好意思。关于你的车子，我们有什么做得不合理的地方，请你告诉我。”这个办法很快使顾客“解除武装”，由情绪对抗变成理智协商，于是事情就容易解决了。如此一来，这位代理商就能轻松地处理每件事情，生意也越来越好。

当我们说别人错了的时候，对方的反应常让我们头疼，而当我们承认自己错了时，就绝不会有这样的麻烦。这样做不但可以避免争执，而且可以使对方进行反思，进而承认他也可能错了。

不要对别人的错误过于敏感，不要执着于所谓正确的意见，不要轻易刺激别人。如果你要使别人同意你，应应当牢记一句话：“尊重别人的意见，永远别说‘你错了’。”

3. 对人要“热情”，但也要保持距离

每个人都需要一个能够把握的自我空间，它犹如一个无形的“气泡”，为自己划分了一定的“领域”。当这个“领域”被他人触犯时，人便会觉得不舒服、不安全，甚至开始恼怒。

许多人都有这样的经验和体会：与某人的关系越亲密，就越容易与其发生摩擦和矛盾，反倒不及初次见面时容易交往。家庭成员、情侣之间常常相互埋怨，正是这种情况的表现。按理说，应该是交往得越深，就越容易相处，人际关系也越好，可事实并非如此。原因何在？

这其实可以用心理学上的“刺猬法则”来解释。那么，什么是“刺猬法则”呢？

“刺猬法则”说的是这样一个有趣的现象：在寒冷的冬季，两只困倦的刺猬因为寒冷而拥抱在了一起，但是由于它们各自身上都长满了刺，紧挨在一起就会刺痛对方，所以无论如何都睡不舒服。因此，两只刺猬就分开了一段距离，可是这样又实在冷得难受，因此它们就又抱在了一起。折腾了好几次，它们终于找到了一个比较合适的距离，既能够相互取暖又不会被刺痛。这就是人们所说的在人际交往过程中的“心理距离效应”。

在现实生活中，这种例子不胜枚举。比如，一个你原来非常敬佩的人，与其亲密接触一段时间后，对方的缺点日益显露出来，你就会在不知

不觉中改变自己对其原有的感情，甚至变得对其非常失望与讨厌。这种情况在夫妻、恋人、朋友之间都不例外。

曾有人做过这样一个实验：在一个大阅览室中，当里面仅有一位读者的时候，心理学家进去坐在他（她）身旁，来测试他（她）的反应。结果，大部分人都快速、默默地远离心理学家，走到别的地方坐下，还有人非常干脆明确地问："你想干什么？"这个实验一共测试了整整80个人，结果都相同：在一个仅有两位读者的空旷阅览室中，任何一个被测试者都无法忍受一个陌生人紧挨着自己坐下。

由此可见，人和人之间需要保持一定的空间距离。

法国前总统戴高乐曾经说过："仆人眼里无英雄。"这说明了在交往深入的过程中，每个人都应该留有一定的余地——相应的心理距离，否则伟大也会变得平凡。

著名的"酒店之王"希尔顿就深谙此道。

希尔顿为自己的"旅馆王国"立下过一条原则：最低的收费和最佳的服务。他要求饭店的所有职员做到和气为贵，顾客至上。不管谁违反了这一规定，都要受到严厉的惩罚。

一次，饭店的一位经理与顾客发生了争执，还大吵了起来。希尔顿知道这件事后，立刻辞退了这位经理。虽然这位经理业务能力很强，为饭店做出过不小的贡献，但希尔顿并没有姑息，而是严格地执行了规定。

希尔顿这种说一不二的性格，使得员工都认为他是一个特别严肃的人，都很尊重他，而正是这种保持适度距离的管理，让希尔顿在酒店的威望与日俱增。

美国著名人类学家爱德华·霍尔博士认为："通常而言，彼此间的自我空间范围是由交往双方的人际关系与他们所处的情境来决定的。”据此，他划分了四种区域或者说是距离，每种距离分别对应不同的关系，可供我们参考。

(1) 亲密距离

这是人际交往中的最小距离，甚至被叫作零距离，也就是人们经常说的“亲密无间”。

它的近范围是在6英寸（约0.15米）内，在此距离内，人们相互之间可以肌肤相触，耳鬓厮磨，能够感受到对方的体温、气味以及气息。

它的远范围是6~18英寸（0.15~0.44米），在此距离内，人们可以挽臂执手或者促膝谈心，通过一定程度上的身体接触来体现出相互之间亲密友好的关系。

在现实生活中，这种距离主要出现在最亲密的人之间。在同性间，仅限于贴心朋友；在异性间，则仅限于夫妻与恋人。

所以，在人际交往过程中，倘若一个不属于该亲密距离的人在没有经过对方允许时随意闯入这个空间，无论其用心与目的怎样，都是不礼貌的行为，会引起对方的反感与彼此的尴尬，到头来只能是自讨没趣。

(2) 个人距离

这是在人际交往过程中稍有分寸感的距离。在此距离内，人们相互之间直接的身体接触不多。

其近范围在1.5~2.5英尺（0.46~0.76米），以能够互相握手及友好交谈为宜。这是熟人之间交往的距离。若是一个陌生人贸然进入此空间，就会造成对他人的侵犯。

其远范围在2.5~4英尺（0.76~1.22米）。所有朋友与熟人都可以自由进入该距离，但一般情况下，和比较融洽的熟人谈话时，距离更靠近远范围的近距离（2.5英尺）一端，而陌生人之间交往时则更靠近远范围的远距离（4英尺）一端。

(3) 社交距离

与个人距离相比，社交距离无疑又远了一步，体现的是一种社交上或礼节上的比较正式的关系。

其近范围是4~7英尺 (1.2~2.1米)，人们在工作场所与社交聚会上通常都保持这种空间距离。

一次，主办人在安排外交会谈座位的时候出现疏忽，在两个并列的单人沙发中间未摆放茶几。结果，坐在那儿的两位客人一直都尽可能地靠在沙发的外侧扶手上，而且身体也经常后仰。可以看出，在不同的情境和关系下，人们需要调整不同的人际距离。倘若距离和情境、关系不对应，就会使人们出现明显的心理不适。

其远范围是7~12英尺 (2.1~3.7米)，被认为是一种更正式的交往关系。

在公司里，经理们一般使用一个大而宽的办公桌，并在离桌子一段距离处摆放来访者的座位，这样就能和来访者在谈话时保持一定的距离。同样，在企业领导人之间进行谈判、工作招聘面试、教授与学生的论文答辩等时，也常常要隔一张桌子或者保持一定的距离，这样便增加了庄重的气氛，也增加了双方的适应程度，显得更得体、更正式。

(4) 公众距离

这种距离是在公开演说时演说者和听众之间保持的距离。它的范围一般在12~25英尺 (3.7~7.6米)，其最远范围在上百英尺以外。

这是一个基本上能够容纳所有人的“门户开放”的空间。在此空间内，人们是可以相互之间不发生任何联系的，人们甚至完全可以对处于此空间内的其他人“视而不见”，不和他们交往。

由此可见，在人际交往时，双方之间的空间距离是彼此之间是否亲近、友好的重要标志。所以，在人际交往中，选择正确的空间距离非常关键！

4. 没必要每天盯着细节不放

有人做过这样一个心理测验：他约了一组人，给他们两个选择，一个是当前可以填饱肚子的美味午餐，另一个是给自己一生幸福的承诺。结果，只有少数人选择了美味的午餐。其他人则觉得，一生的幸福和一顿午餐相比，当然更重要得多。

选择美味的人很现实，懂得珍惜眼前，做到了见好就收。而选择承诺的人，则是想拥有更多。而想拥有并非真的能得到，因为一生太遥远，谁也无法预料上天会给你的生活弄些什么不愉快。

有时候细节的确可以助你成功，但绝不会是你成功的“主力军”。

三国时期，蜀国蒋琬执政期间，有个属下叫杨戏，人们都叫他“杨白痴”。这个人一点儿也不注意细节，每次见到同僚，顶多是点个头，那些必要的礼仪、恭维话，全都没有。有时候就连蒋琬和他谈话，他也是懒洋洋的，只应不答。于是，同僚们纷纷到蒋琬面前打杨戏的小报告，说：“杨戏这家伙太狂妄了！对谁都这么怠慢，没有礼仪，不懂规矩，应该狠狠治他的罪！”没想到蒋琬坦然一笑说：“人各有秉性，他虽然不懂规矩，但做事很有原则。怎么能因一点点毛病就毁了一个人才呢！”

在生活中，我们往往没有必要整天沉思于如何做好每一个细节。倒不如学学杨戏，坦诚些、自在些，实实在在生活，踏踏实实做事，这样是不是会更快乐一些呢？

郑楠和如风大学毕业后，一起到一家公司应聘。郑楠心细聪明，做事很有分寸，刚到新单位，满脑子想的就是如何和同事、上司搞好关系。也真难为了她，每天除了应付工作，还要应付工作之外的方方面面，生怕一个小细节做得不好，给人留下口舌，影响了自己的前途。而如风呢，恰如她的名字，整天风风火火。每天上班，匆匆来，匆匆去。有时看到上司，她根本不会来一句让人浑身顺畅的赞美。看到同伴如此不懂“人情世故”，郑楠出手相助，频频教导说：“别整天‘马大哈’似的，要会掌握和营造让你成功的细节。想升迁，想拿足够多的奖金，群众基础和上司关爱，这两点缺了哪个都不行，你得赶快努力哦……”

如风貌似挺给“面子”，真的比过去努力多了，但不是在细节上，而是在工作上。

看到同伴如此不“开窍”，郑楠一面叹息，一面暗自得意：好事轮不到你，到时可别说我没提醒过你！

情形并没按郑楠的设想发展。一年后，如风升任科室主任，拿全办公室最高的奖金，而郑楠则原地踏步，还是业务员。这一次，轮到如风反过来教育郑楠：细节就像烂铁皮上镀的铜，貌似黄金，但经不得天长地久的考验，总会露出本来面目。一个人的能力和才干，才是真金。把经营细节的心，用到提高自己的业务上，你肯定会有不菲的收获……

看看古往今来成功的人，哪一个是每天只盯着细节问题，琢磨后再琢磨的？细节足够重要，但绝对不是打造成功的“主力军”。一个人如果过度沉湎于无数的细节中，哪还有心思去做事业？所以还是少花些心思去打造所谓的细节，努力做好本职工作，提高自己的业务，才是走上升职之路的最好捷径。

5. 交浅言深，他人所戒

俗话说："逢人只说三分话，还有七分话不必对人说出。"你也许认为大丈夫光明磊落，事无不可对人言，何必只说三分话呢？你也许认为这样的人是狡猾的、不诚实的。其实说话须看对方是什么人，如果对方不是可以尽言的人，你说三分真话，已不算少。

"逢人只说三分话"，不是不可说，而是不必说、不该说，与"事无不可对人言"并没有冲突。

要知道，说话有三种限制，一是人，二是时，三是地。非其人，不必说；非其时，虽得其人，也不必说；得其人，得其时，而非其地，仍是不必说。非其人，你说三分话，已是太多；得其人，而非其时，你说三分话，是给他一个暗示，看看他的反应；得其人，得其时，而非其地，你说三分话，已经可以引起他的注意，如有必要，不妨再择地长谈。

小强曾经放弃了原本发展不错的外资公司，与上司一起"跳槽"。因为他是老上司极力推荐的人，新公司老总还算器重和信任他，把一些较为复杂的工作放心地交给他去做。这让他很欣慰，尤其让他高兴的是，只要他一从老总办公室出来，大家就对他亲热地问长问短。

时间一长，他发现，原来大家总是想从他口里套出公司的机密。为了和大家打成一片，他就把一些事告诉了大家。可后来他发现，如此的"牺牲"并没换来同事的真心。一天，同事在背后说："一个连老板都敢出卖的人，估计不是什么好人，谁敢和他走得近！”听到这种话，他欲哭无泪，也很心寒。

更让他没有想到的是，有同事将他泄密的事告诉了老总。老总知道后非常愤怒——自己如此信任的人却这样随便地将公司未公布的机密透露出去！一怒之下，老总将小强开除了。

在职场中，说话尤其要慎重，稍有不慎就可能影响你以后的处境。

前不久，小张抱怨说自己被同事“出卖”了。

他们两个人是一同进的公司，工作表现也相差不大。公司面临严峻的经济形势，有裁员的打算。因为是好朋友，所以两个人无话不谈。在一次吃饭的过程中，小张对同事说：“最近人心惶惶，一点儿也没有工作的心思，所以我就上班玩游戏打发时间。”

同事非常好奇地问：“难道你不怕被老板发现吗？”

小张沾沾自喜地说自己有妙招：“我打的是隐蔽性极强的游戏。”

结果，同事为了保住自己的“饭碗”，将这件事报告了老板。就在小张游戏玩得正酣时，老板站到了他的电脑面前。铁证如山，小张无力反驳，只能看着老板愤怒地离去，等待着被裁掉的消息。

所以，在职场上，你可以善良，但是一定要管好自己的嘴巴，防备有人“利用”你的善良。

具体来说，要注意下面几点：

（1）在你刚进职场的初期，同事之间大多不会显露出对公司的意见，但是“路遥知马力，日久见人心”，一起吃过几次饭后，一些见识浅薄的人就很容易把自己的不满情绪倾诉给你听。对于这种人，最好不要和他有更深的交往，做普通同事就可以了。

（2）假如和对方相识不久，交往一般，对方就忙不迭地把心事一股脑地倾诉给你听，并且完全是一副受苦受难的模样，这在表面上看来是很容易令人感动的。然而，转过头来他又向其他人做出了同样的举动，说出了同样的话，这说明他完全没有诚意，不是一个可以深交的人。

(3) 有些人唯恐天下不乱，经常散布和传播一些所谓的“内幕消息”，让别人听了以后感到忐忑不安。如“公司将会裁员”“公司将会改组”“上司对某某不满”等话语，都是他们的“口头禅”，与这种人要保持距离，以免被其扰乱视听，或者卷入某些是是非非。

(4) 有些人喜欢盗用公司的资源。所谓盗用公司的资源，不仅是指私用公司的文具或其他物资，也包括在工作时间做私人事务。这样的人，也应该与其保持距离。

(5) 许多人认为在公司工资太低，因而总是想方设法抽出工作时间去办私人的事情，作为自己在心理上的补偿。不要与这种人过从甚密，否则一旦被上司发现，你在上司那里的印象就会大打折扣。

(6) 在公司中，许多人为了保持现状，对一切事情都抱着“事不关己、高高挂起”的态度。他们凡事都低调处理，不参与任何是非争执。这种人不容易相信别人，但还可以做朋友。假如能够打开他的心扉，进入他的心灵，你们很有可能会成为知己。

(7) 还有一些人对公司很有感情，不分上下班时间，都愿意待在公司里工作，甚至会在公司里做一些私人的事情，好像把公司当成了家。这种人的最大特点是把私人时间和工作时间完全混淆，对其没有概念上的划分，工作起来非常努力。因此一旦遇到加薪不理想或遭受老板批评这样的事情，他们往往会感到委屈，并认为公司欠他们太多。与这种人多接触的话，会有助于你对公司有更多、更深的了解，但是，有一点必须记住——绝不效仿！

6. 藏好你的优越感

做人自信和要强是必需的，但一旦过了头，就会变成自负和自傲。

如果你有自己的想法，请不要用自负的方式来阐述；如果你有过人的能力，也不要用“门缝里看人”的方式来看待别人。总而言之，不要用你的优势去对比别人的劣势。

李泉是某公司的新进员工，高大英俊，口才不凡，在应聘的时候得到了主考官们的一致好评。李泉刚进公司，就成了办公室的“红人”，原本看好他的上司也对他寄予了很大的期望。但是没过多久，问题就出现了。李泉所在的部门每个星期都会进行一次例行会议，向来是由上司来主持部署同事们的工作安排，相互交流各自的工作心得和工作进度。初来乍到的李泉，在第一次参加会议的时候就表现出了他的“好口才”，在会上跟同事和上司展开了激烈的辩论。

在讨论工作计划安排的时候，李泉总是认为自己的方案无可挑剔，将其他人的方案批驳得一无是处。在讲到某个具体观点的时候，他还会揪住对方的小细节，滔滔不绝地要跟对方辩论到底。不但在会议上是这样，在日常工作中，李泉也总是对他人的行事模式看不惯，总认为自己是最好的，习惯性地用他的“三寸不烂之舌”，强势地要求对方按照自己的思路走，还肆意贬低同事的能力，直到对方甘拜下风、哑口无言方罢休。如果谁认为跟他纠缠没有意义，不愿意跟他说话，他就愈发认定对方不如自己。

李泉的这种“自我感觉良好”的习惯，要从他的第一份工作开始说起。李泉的第一份工作是在机关，办公室里的领导在他眼里“水平都很低”，因此李泉总是看不起他们，对他们的态度也很冷淡。将手头的工作做好之后，李泉对领导的意见就爱听不听了，领导自然不会喜欢这样老是给自己脸色看的下属。因此，一段时间之后，李泉就发现机关里的一切福利待遇他都没有享受到，而麻烦的事情却一件接着一件。

就这样，一年多以后，被孤立的李泉实在待不下去了，选择了离开。但直到离开，李泉仍然认为自己身上不存在任何问题，是机关的人眼界太低，嫉贤妒能，无法容忍他这种高能力的人才。

岂料，在现在的公司，李泉又遇到了同样的问题。骄傲的本性使得李泉在工作中急于摆出与众不同的姿态，他看不惯别人的生活和工作方式，认为他们是在浪费时间。他想要帮助别人，但是说出口的话却往往成了自以为是的教训。日子久了，同事们和之前的机关领导一样，也开始疏远他，不少客户也向李泉的上司反映：“你们单位的那个李泉口才倒是挺好的，可是跟他打交道怎么就那么不舒服呢？怎么老觉得自己低他一等呢？”

冷眼和流言越来越多，最后连上司也对李泉不耐烦起来。不到三个月，李泉就被“请”出了公司。

在生活中，与李泉一样总觉得谁都不如自己的人不在少数。他们往往会表现出超强的自信，但这种自信在别人的眼里往往会被解读为“自负”“自以为是”。

每个人都有自己独特的个性，但在进入社会之后，应该及时为自己“补课”，认识到理想与现实之间的差异，学会包容与自己不同的生活和工作方式，理智地看待工作和人际关系，恰当地经营人与人之间的关系。

有了好东西和大家一起分享，把自己拥有的好东西给别人看看，把自己的得意之事说给别人听听，这本来没有什么大不了的。但是，如果炫耀的心理太强烈，想听好听、奉承和赞美之话的渴望太强烈，人就陷入了

“卖弄”的歧途。而这种“卖弄”就像是毒药，会让你“上瘾”，最后失去做人的本心。

如果你确实有能力，别人都是能看到的，即使你不说出来，别人也会把你的能力捧出来，这样既满足了你在别人面前展示自己的心理，你也会得到大家的主动推荐和支持。

当你明显比别人强时，你在感情上还是要和大家在一起，这样别人往往就不会再嫉妒你，而会认为你的成功是靠你自己的努力得来的。

比如，你被派去单独办事，别人去没办成，而你却一下子办妥了。这时，你若开口闭口“我怎么怎么”，只能显出你比别人技高一筹，聪明能干，但可能会招致别人的妒忌。而如果你这样说：“我能办妥这件事，一方面是因为前面的XX去过了，打了基础，另一方面多亏了XXX的大力帮助”，将办妥事的功劳归于“我”以外的外在因素中去，从而使他人产生“还没忘了我的苦劳，我要是有别人的大力帮助也能办妥”这样的自我安慰的想法，从而在心理上得到暂时平衡。“我”在无形中被淡化了“优位”。

“小李你毕业一年多就提了业务厂长，真了不起，大有前途呀！祝贺你啊！”在外单位工作的朋友小张十分钦佩地说。

“没什么，没什么，老兄你过奖了。主要是我们这儿水土好，领导和同事们抬举我。”小李见同一年大学毕业的小王在办公室里，便压抑着内心的欣喜，谦虚地回答。

小王虽然妒忌小李被提拔，但见他这么谦虚，也就笑盈盈地主动招呼小李的朋友小张：“来玩了？请坐啊！”

不难想象，此时小李如果说什么“凭我的水平和能力早可以提拔了”之类的话，那么小王以后能与小李和睦相处才怪。

如同“中和反应”一样，一个人身上的劣势往往能淡化其优势，给人以“平平常常”的印象。当你处于“优位”时，要注意突出自己的劣势，往往会减轻妒忌者的心理压力，产生一种“哦，他和我一样”的心理平衡感，从而淡化乃至消除对你的妒忌。

通过艰苦努力所取得的成果很少被人妒忌。如果我们处于“优位”确实是通过自己的艰苦努力得到的，那么不妨将此“艰苦历程”告诉他人，加以强调，以引人同情，减少妒忌。

比如，在邻居、同事还未买车的时候，你却先买了。为了免受“红眼”，你可以这么说：“我买这车可不容易。你们知道我节衣缩食攒了多少年吗？整整六年啊！辛苦啊！我们夫妻俩都是低工资，一毛钱一毛钱地攒，连场电影都舍不得看，太难了……”听了这些话，对方就很难产生妒忌之心。相反，或许还会对你报以钦佩的赞叹和由衷的同情。

另外还要注意，切忌在同性中谈及敏感的事情。一般来说，女人对容貌、衣着以及风度气质所带来的爱情生活、夫妻关系等相当敏感，很容易产生妒忌心理，在交谈时要注意避免。

…… ※ ……

7. 别总是把恩惠挂在嘴边

生活中，我们会发现这么一类人，他们待人热心，也喜欢帮助别人。但是，他们帮助人后总是表现得趾高气扬，总是把曾经对别人的恩惠挂在嘴边。他们总强调自己付出了多少，妄想他人给予数倍于己的回报。在他们眼里，受帮助者就得低眉顺目，不然就是不知好歹、忘恩负义。

美国前总统富兰克林·罗斯福是美国历史上唯一一位连任四届的总统，他在20世纪的经济大萧条和第二次世界大战中扮演了重要的角色，被学者评为“美国最伟大的三位总统之一”。然而，这么一位伟大的总统在人际关系上也曾有过苦恼，对别人的“忘恩负义”深有感触。

1929年10月，美国爆发了经济危机，这场危机一直持续到1933年。在此期间，美国工业产值下降了近50%，国民生产总值从1000多亿美元下降到400多亿美元。失业人数猛增，从1929年5月的150万人猛然增长到1932年的1200多万人。面对大批的失业人员和经济衰退，从1933年到1939年，罗斯福总统为缓和经济危机采取了一系列行政和法律措施，并实行了新政，这就是美国历史上著名的“罗斯福新政”。

在新政的初始阶段，很多美国的大企业主被迫暂时接受了罗斯福的方案，从而摆脱了“临颈之刃”。然而，让罗斯福没有想到的是，当危机刚刚有所缓解，这些受惠于“新政”的大企业家们就开始反击罗斯福了。

1934年8月，大企业支持的右翼组织“美国自由同盟”在迈阿密开会，反对“罗斯福新政”，目标集中在反对劳工立法、税收立法和社会保险立法上。“美国自由同盟”的后台是杜邦家族、通用汽车公司、太阳石油集团以及华尔街的律师们；报纸上也连篇咒骂罗斯福是向富人“敲竹杠”，说罗斯福天天都吃“烤百万富翁”。他们已经完全忘记了自己在大危机面前是怎样束手无策、惊慌失措的。

罗斯福对于这种忘恩负义的行为感到吃惊，更感到气愤，因为“新政”的最大受益者正是这些大企业主。为了反击这些大企业主，罗斯福在1936年的一次演说中做了生动的比喻：“1933年夏天，一位戴着丝绸礼帽的体面的老绅士不小心失足落入码头边的水中，他不会游泳。他的一位朋友看到情况紧急，跳入水中，把他救了起来。可是珍贵的礼帽被水冲走了。老绅士安然脱险后，对朋友的救命之恩感激不尽。今天，3年过后，这位老绅士却大声责骂朋友，原因就是丢了丝绸礼帽。”

你若想通过自己施恩于他人而获得他人的报恩，那就失去了交际的意义，而且会无端地给自己套上一副“精神枷锁”，也给友谊挂上了一副“重担”。

帮助别人是我们应该做的事情，但绝不要时常把它挂在嘴边，逢人便说。许多人总是希望别人知恩图报，恨不得施了一次援手，别人会感激自己一辈子。这样的想法实在有些荒谬。做好事、做善事，不是“施恩”，因为帮助他人实则是道德范畴内的一种境界，是发自内心的“我想做”“我愿意做”和“我必须做”，不应掺杂任何功利性目的在里面。否则的话就是别有目的地帮助别人，就失去了一颗帮助别人的平常心，把“图报”看成了“施恩”的目标。

施恩不等于施舍，帮助他人也不应该抱着“我是恩人”的想法。感恩是一种美德，是一种美好品质的表现。所以，如果你想通过施恩于人来获得对方的依赖和感恩的话，那你就大错特错了。

总是把恩惠挂在嘴边，就等于给受恩者的心灵“放高利贷”，不仅不是我们所宣扬的助人为乐，很多情况下更是一种对受恩者的“心灵折磨”。

当你“施恩”于人时，不妨将这种帮助当作自己理所应当去做的事情。或许对方当时无法强烈地感受到你的这种好意，但伴随着时间的沉淀，从生活的点点滴滴中，对方必然能够体会到你对他的关心，这样你的恩惠才算深入人心，你们之间的关系也才会更进一步。

……
※

第三章

你的善良如此珍贵，请勿滥施，尤其是给不值得的人

※
……

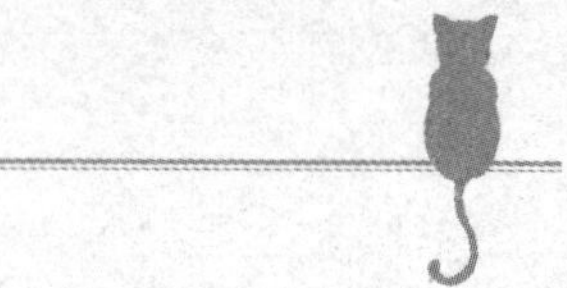

善良是非常珍贵的，因此不能滥用。面对各种复杂的人事，要提高警觉性，分清善恶、好坏，谨慎地给予你的善良，别让一些别有用心的人利用了你的善良。

1. 利益，往往是朋友的“试金石”

朋友是我们生命中的“贵人”，但朋友也会在特定的时候变成“小人”，不为别的，大多只为“利益”二字，正所谓“天下熙熙，皆为利来；天下攘攘，皆为利往”。

正如在安全的地方，人的思想总是松弛的一样，在与好友交往时，你可能只注意到了你们亲密的关系，你们每天在一起无话不谈，对外人你可以骄傲地说：“我们之间没有秘密可言。”

谢敏上大学后便违背父母的意愿，放弃了医学专业，专心于写作。值得庆幸的是，一个偶然的机会，她遇到了知名的专栏作家许家璇，她们成了知心朋友，无所不谈。经过许家璇的悉心指教，谢敏不久便寄给父母一张刊登着自己文章的报纸。一个人对于在遇到挫折时受到的帮助总是很难忘的，更何况是朋友。谢敏与许家璇几乎形影不离了，一同参加鸡尾酒会，一同去图书馆查阅资料，谢敏还把许家璇介绍给她认识的所有人。

但这时的许家璇正面临着不为人知的困难，她已经拿不出与其名声相当的作品了，她创作的源泉几乎枯竭了。

谢敏把她最新的创作计划毫无保留地讲给许家璇听时，许家璇心里闪过了一丝光亮。她端着酒杯仔细听完，并不住地点头。

不久，谢敏在报纸上看到了类似自己构思的作品，文笔清新优美，署名是“许家璇”。谢敏痛苦极了，她等着许家璇给她打电话解释一下，但整整等了三天，也没有收到任何音讯。

从那以后，这对好朋友彻底分道扬镳。

利益，往往是朋友最好的“试金石”。在利益面前，各种人的灵魂都会赤裸裸地暴露出来。有的人在对自己有利或利益无损时，可以和他人称兄道弟，显得亲密无间。可是一旦有损于他的利益时，他就像变了个人似的，见利忘义，什么友谊、感情统统抛到脑后。

比如，在一起工作的同事，平日里大家说笑逗闹，关系融洽。可是到了升职时，名额有限，“僧多粥少”，有些人的“真面目”就露出来了。他们在会上直言自己之长，揭别人之短，背后造谣中伤，四处“活动”，千方百计把别人拉下来，自己挤上去。这种人的内心世界，在利益面前暴露无遗。事过之后，谁还敢和他们交心呢？

不可否认，在现实中，确实存在着以出卖他人为手段获取自身利益的人。有的人是为了生存而做出出卖之事；但有的人位高权重却欲壑难填，出卖集体和国家利益，实在让人心寒。

实际上，不管是何种情境下的出卖，其出卖行为的本质并没有什么不同，那就是一切从自己的利益角度出发。与面临生死时为了求生而出卖的人相比，更多的是面对利益诱惑时选择出卖的人。这种人是自私自利的，与这样的人共事，若不能看穿他的本质，自己极易受到伤害。

常言说得好：“害人之心不可有，防人之心不可无。”如果你的“朋友”是那些只顾个人利益而忽视集体利益的人，请不要被其利用或伤害，请不要对他们过分善良！

进而言之，岁月可以成为真正公正的“法官”。有的人在一时一事上可以称得上是朋友；但日子久了，时间长了，你就会更深刻地了解到他的为人，“路遥知马力，日久见人心”，说的就是这个意思。经过长期交往、观察，你便会达到这样的境界：知人知面也知心。

2. 远离那些总爱和你“过不去”的人

谁都渴望事业上的成功，谁都希望实现人生的辉煌。但人们总是怀揣“丰满”的理想，却面对“骨感”的现实而嗟叹，因为成功的机会实在是太少了。

不过，有时候，一个可以改变你或者转变你人生机遇的机会摆在你面前。借助这个机会，你的事业会向前发展一大步；或者，因为这个机会，你的人生从此将步上星光大道……你得意洋洋，一边感激上天赐予的“好运”，一边准备扬帆启航，庆幸自己马上要实现理想。

但就在这时，你的一个“朋友”跳了出来。一桶“冷水”浇下，在“朋友”的提醒下，你“清醒”过来，明白自己是一时头脑发热，所以才会有如此不切实际的幻想，什么机遇和计划，根本是黄粱一梦。

所以，就在你犹豫的当下，命运女神一闪而过。你错过了一个再也不会有的机会，后悔得直拍自己的脑门，可是已无济于事了。

邱水明是做服装生意的。冬天的时候，一家刚上市的服装公司正在招代理商。走运的是，这家公司的营销部总监是邱水明曾经的上司王家栋，王家栋在公司时就对邱水明颇为照顾。而王家栋在得知邱水明现在做的也是服装生意后，就向公司申请了很优惠的条件。

邱水明初步算了一下，如果接下这家公司的代理，按冬季的销售量，进账10万元是稳操胜券的。特别是曾经的上司给了他很多优惠，邱水明动心了，决定选好门面就着手谈代理的事。其实更让邱水明动心的还有另一层，王家栋说，如果他做得好，下一步就可以做西北五省的总代理，如果真的是这样，那这前途就辉煌得让邱水明有点儿不敢想象了。

刚好这时，邱水明隔壁的服装店因为经营不善，决定转租。邱水明赶紧把这间门面盘了下来，并重新装修。装修完毕后，进货需要10万元的款项，这让邱水明有点犯难。因为一个星期前，另一家公司就跟他说，马上到销售旺季了，到时可能会涨价，提醒他提前囤货。商人重利，何况年前正是销售旺季，一个月甚至可以抵得上全年的营业额。邱水明二话没说就把手中的余钱全部投了进去。这边新谈的代理马上就要签约了，手中的资金却实在有些周转不开。为难之际，邱水明想到了好友孙强。孙强是自己多年的好友，他想凭着这层关系和孙强借点钱周转一下肯定是没问题的。

孙强一看到老朋友来了，热情地招待，说自己太想邱水明了，但是太忙，实在没时间去看老朋友。邱水明心里很感动，告诉孙强自己是来借钱的，如果把这家新公司的服装生意做好了，下一步西北总代理的事，可以和孙强一起来做。

本想着孙强会感激，没想到孙强一下子就瞪大眼睛说："你啊，这真是初生牛犊不怕虎呀！"接着苦口婆心地教训起邱水明来，说现在的服装市场不是太好做，而新上市的公司更是不知道能运营多久，万一要是栽进去，多年的心血就泡汤了。孙强说，自己不是不想借给邱水明钱，而是不想让邱水明的心血白白打水漂。

被好友这么一说，想想自己这么多年的奋斗和辛酸，邱水明也怀疑自己是不是有些冒险了。他决定听好友的，先冷静一下再说。

就在邱水明犹豫的当下，那家新公司在联系了邱水明几次都无果后，马上联络了其他代理商，很快打开了市场。为了打开市场，先期货物价格低廉，而且质量上乘，生意做得如火如茶，那家代理商狠狠地赚了一笔。

此时，邱水明后悔不迭。

交了类似于上例中孙强这样的朋友，恐怕得提前给自己“打预防针”，提高自己承受打击的能力才行了。

还有一种“泼冷水”往往发生在日常生活中，这种朋友或者可以叫作“损友”。朋友之间熟了，适当地开个玩笑，暴露一下对方的缺点、糗事不足为怪，但如果对方总是存了心和你“过不去”，那么对于这样的朋友，还是请你不要太善良了，最好干脆地远离他们。

要说张辉和王志飞的关系，那可真是铁杆哥们了。两个人是发小，那份熟悉可以这么说，就是张辉身上哪个地方有颗黑痣，王志飞也知道得一清二楚。

读初中的时候，两人学《三国演义》的“桃园三结义”，结拜为兄弟。张辉小几个月，自然就是小弟了。这么多年来，似乎王志飞总是在照顾着张辉，用王志飞的话说就是“处处罩着张辉”。但是张辉却越来越觉得，王志飞的照顾有些让自己喘不过气来。

去年张辉的小姨给张辉介绍了一个女孩。相亲那天，王志飞不请自来，说是要和张辉一起去，帮张辉参谋一下。正好，张辉也觉得有些紧张，就和王志飞一起去了。

一见面，张辉很高兴，对方正是自己喜欢的类型。张辉开心地和对方聊了起来。气氛渐佳时，王志飞突然在一旁说：“哥们，看来这次不错，我就告退了。噢，对了，来的时候，你妈让我交代一下，要聪明些，别谈不成就乱花钱，知道你没啥心眼，啥事都得交代一下。”一句话羞得张辉赶紧低下头。面对女孩诧异的眼光，张辉只得硬着头皮说：“我的这位哥们就爱开玩笑，别介意。”

在交往了一年后，女孩觉得张辉不错，于是答应了张辉的求婚。婚礼温馨又浪漫，让两位新人感觉到了生活的美好。第二天，按照习俗，张辉要去女方家回门。作为张辉最好的朋友，王志飞当然是陪同前往。岳父包了一家酒楼招待他们，大家边吃边聊，气氛好不热闹。谁知，王志飞突然对张辉的岳父说："叔叔，你这次可花了血本了吧。有一次张辉来你家吃饭，回去后又吃了一大碗，他说你家四个人就吃两盘菜，让他都不敢吃。"真是"哪壶不开提哪壶"，一下子让张辉又尴尬又难堪。一桌子的人哄堂大笑，张辉看见岳父的脸明显黑了下来。

诸如此类的事情太多了，搞得张辉现在真的有些怕了王志飞。出门办事，他第一个念头就是不想让王志飞跟着。但王志飞却不依不饶，说："就你那样，我还不知道啊？我要不跟着，怎么能放心呢？"

可能是这句话刺激了张辉，于是张辉冲着王志飞一顿吼："我就这样，怎样？你管得太多了吧！"

两个好朋友就此闹开，谁也不愿搭理谁。

张辉觉得委屈，他不明白，王志飞怎么好像专门跟自己"过不去"似的，他主要的任务似乎就是让自己"出洋相"，让自己在人前抬不起头来。他真怕了王志飞，只要一想起王志飞来，他就觉得压抑。

遇事总爱给你"泼冷水"，关键时刻总和你"过不去"，这样的人不少。因为是朋友，所以你容易被他们左右，可是却忽略了"冷水"背后的东西。或许是他们想证明自己比你聪明，也或许是他们认为比你优秀……

心理学家分析：现实生活中，每个人都面临着各种各样的压力，当这些压力无处发泄时，就会在人的脑海里形成一股"恶性情绪"。为了释放这些对自己健康不利的情绪，潜意识就会寻找一些对自己没有危险的方式来消极地发泄。他们通过各种方式缓解了压力，却苦了那些作为"出气筒"的朋友。这类朋友，就是朋友中潜藏的"消极对抗者"。

我们都知道，再亲近的朋友，彼此心中都应该有一个不可触碰的底线，这就是尊重。一个对你没有尊重的人，有可能会成为好朋友吗？

所以，聪明的人要学会定期"检查"自己的朋友，一旦发现"消极对抗"的朋友，就要赶快进行纠正，以免给自己带来更多的伤害。

3. 把充满负能量的朋友“拉黑”吧

现代生活，疲惫又忙碌，当各种压力袭来时，我们当然需要有可以让自己放松的朋友，找个适宜的环境，把心中的“苦水”倒出来。如若朋友是充满负能量的人，你还没倒“苦水”呢，他的“苦水”先如洪水一样泛滥，使你浸泡其中，你哪里还有心情品味生活的美好？

王蕊的朋友叫陈珍珍。陈珍珍什么都好，就是性子太过敏感，整天愁眉苦脸、唉声叹气。

每每有不开心的事，陈珍珍第一个想到的就是王蕊。看到朋友不舒心，王蕊当然是百般劝慰，让她凡事看开些，别总由着自己的性子来。但王蕊的这番话，陈珍珍就是听不进去。

那天，王蕊要和男友一起去拍婚纱照，正准备出发，陈珍珍的电话就来了。在电话里陈珍珍说活着没意思，消沉之极。王蕊一听，吓了一大跳，于是丢下男友，奔向陈珍珍那里。王蕊一问才知道，原来昨天由于陈珍珍的一个小疏忽，把重要数据弄错了一个数字，陈珍珍被总监批评了一顿。她心里想不开，便觉得活着没什么意思。

知道陈珍珍没事，王蕊的心才放下来。回到家后，王蕊的男友很生气，于是王蕊只得连连赔不是。

这事过去没多久，陈珍珍的问题又来了。陈珍珍男友受不了她的小性子，决定和她分手。这下，陈珍珍开始寻死觅活。王蕊安慰了她一天，也没有用。正在这时，公司打来电话说让王蕊加班，王蕊不放心，只得叫来另一个朋友陪着陈珍珍，然后才去公司。可是，她的脚刚迈进公司的大门，朋友就打来电话说陈珍珍晕了过去。于是，王蕊只得找同事帮忙顶班，匆匆交代几句，就匆忙赶到医院，连午饭都没吃。刚进医院，陈珍珍就像祥林嫂一样给王蕊讲自己这么多年这么苦心守候这份感情，男友怎么能这样，说分手就分手云云。

此时，王蕊的总监打来电话对她一通狠批，因为她把自己的工作交给同事，而同事又不是很熟悉，所以工作出了差错，险些造成大的损失。总监要求王蕊写一份书面检查，在周一公司例会时做公开检讨。而此时，陈珍珍仍然在絮絮叨叨地讲述着自己的悲惨故事。这时，王蕊忽然觉得自己累极了。

王蕊这样的好朋友的确很难得，但是她却忽略了自己。陈珍珍离开了王蕊，能不能活？答案是肯定的。所以不要为了一个充满负能量的朋友把自己的生活搞得一团糟，这样太不值得了。

这类朋友，自己没有主心骨，却总爱把麻烦扔给朋友，自己不舒服不说，还把朋友也拖得精疲力竭。他们把朋友看成自己的避难所，有了问题，总是先想到朋友，把麻烦和负面情绪全部扔给朋友，自己倒是轻松了，却从不考虑朋友的心情和处境。

这其实是一种自私自利的行为，如果你有这样的朋友，还是早点将他扔进“黑名单”吧。

朋友虽然是世间最单纯的一种交往模式，但也是要“互惠互利”的。你敬我桃李，我送你西瓜；当你只会一味地索取，贪得无厌时，任谁都会觉得疲惫、郁闷。

4. “酒肉朋友”再多无益

“酒肉朋友”再多也无益处，无非吃喝玩乐，遇上难事照样没人帮你。

孙莹写的一手的好文章，因此在单位里得了个“才女”的称号，所以一般领导要写个总结、提案什么的都会找她。有一天，孙莹正在做自己的财务报表，领导说下午3点之前急需三份不同的文字材料，让她及时赶出来。她一看时间已经是上午10点多了，铁定是做不完的。无奈之下，她只好拨通了一位朋友的电话求助。这位朋友是一家杂志社的编辑，是个爽快人，听此情况，二话没说就来了。

中午11点左右，这位朋友带着他的一位朋友如约来到孙莹的办公室。一番介绍后，他们就开始天南地北地胡侃。从世界政坛到金融危机，从古希腊文明到历史渊源，从甲骨文的鉴别到第四代简化字的使用，孙莹一面陪着漫天胡侃，一面瞅着墙上的挂钟咔哒咔哒不停地转，心里急得直冒火，但却无法发作。转眼半个小时过去了，孙莹看出这位朋友没有走的意思，将心一横，问道：“两位想吃点什么？”这位朋友也不客气：“都是好朋友嘛，就近就简吧！”

于是他们在附近找了个饭店坐下来。几番推杯换盏后，孙莹的朋友越喝越兴奋，抄起电话一通拨打。就这样你找一个我找两个，不多时，由原来的三人“小聚”变成了五六个人的“团聚”，甚至后来变成了十来个人的“大聚”。虽说是一次难得的朋友聚会，无奈孙莹仍有三份材料压身，本想找朋友帮忙，不想材料一个没有推出去还浪费了不少时间，这种情形下她无心继续，便匆匆结账告辞。回到办公室后，她迅速查找资料，飞速转动大脑，用最快的速度、最高的效率在规定的时间内交上了全部材料，这才长长地舒了口气。这时，她想起了在饭店的朋友们，打电话过去，这些朋友还在饭店里觥筹交错，而此时已经是下午3点了。

有一类人每天游走于各类酒肉场合，交着不同的朋友，朋友越积越多，数量越来越大，而真正“沉淀”下来的却没有几个。随着经历越来越多，电话号码也越来越满，而真正痛苦或需要帮助时，把电话号码簿从头翻到尾，竟然连一个可以帮得上忙的朋友也找不出来，这就是“酒肉朋友”的悲哀。

与“酒肉朋友”在一起，酒喝得越多，饭吃得越多，感情却不见得越深。友谊需要经营，但不用刻意追求，否则你认定的“酒肉朋友”因某事达不到你的期望值时，你将会因此而痛苦不堪。所以，我们切不可以结交“酒肉朋友”为荣，更不要以之为交友准则。

每个人都希望朋友能够在危难时刻对自己不离不弃，而不是一遇危险立马各奔东西。“朋友”是一个美好的字眼，请不要让酒肉之交玷污了朋友的神圣，那样的人并不是你的朋友，只不过是结伴娱乐的“路人”罢了。

5. 防范忘恩负义的小人

在我们的日常生活中，有这样一些忘恩负义的小人。通常，他们行事处世以个人小利为出发点，他们会为贪小便宜而出卖团队，甚至是与自己一起工作多年的伙伴；他们会为了升官发财，不择手段，不惜坑害朋友；他们还会为了展翅高飞而把恩人当“垫脚石”，恩将仇报、落井下石……

春秋时期，楚国伯嚭一家被佞臣费无忌谗害遭灭族，伯嚭只身一人颠沛流离逃到吴国。伯嚭投奔吴国，一则是因为吴国是楚国的敌对国，二则是因为伍子胥同伯嚭一样与费无忌仇深似海、不共戴天。

伯嚭一见伍子胥就放声大哭，先是对伍子胥一家的遭遇深表愤慨，接着哭诉自己全家遭斩的惨痛经历，继而大骂费无忌诱惑君王、杀害忠良。经过一番眼泪和愤恨的表演，他才提出请伍子胥看在同国、同乡、同遭遇的份上，给自己一个安身之地，向吴王举荐一下自己。

伍子胥是个忠厚老实的人，出于对楚平王和费无忌共同的憎恨，也出于由于相同遭遇而产生的怜悯，虽然原来与伯嚭没有什么私交，但还是决定向吴王引荐他。

这时伍子胥的好友被离劝阻他说：“你可不要轻信这个伯嚭呀。据我观察，这个人鹰观虎步、形貌含诈，其品性必贪婪奸佞、专擅功劳、任意杀人，切不可同他亲近。今日重用他，以后必为其所害。”伍子胥回答说：“古语说得好：‘同疾相怜，同忧相救；惊翔之鸟，相随而集。’人还是善良的多，你先不要猜疑。”

在伍子胥真诚的介绍和大力推举下，吴王阖闾也可怜伯嚭的不幸，同情他的遭遇，又见他能说会道，频频表示效忠尽命的决心和誓言，就收他在朝中，封他为大夫，命他同伍子胥共佐朝政。

念及伯嚭初来吴国，人生地不熟，伍子胥对他照顾有加，视他为好友。然而，伍子胥做梦也没有想到他救起的却是一条“毒蛇”，30年后，他自己就冤死在这条蛇的“毒牙”之下。

忘恩负义的人通常都表里不一，不得志的时候，他们伪装成一副可怜样，先博得别人的同情，得到对方的帮助和提携后，再“忠肝义胆”地承诺一番，以此博得别人最大的信任。等到自己的“翅膀硬了”，他想的不是感恩，也不是把事情做好，而是如何才能尽快地超越恩人的地位。恩人的肩膀能靠一靠的，他会踩着上；如果恩人成了他往上爬的“绊脚石”，那就一脚踹开，毫不犹豫和怜惜。

然而，生活中忘恩负义的小人常常戴着“面具”，不到关键时刻，你根本就看不出他的真面目，以至于让人防不胜防。

因此，在与人共事的时候，我们应该处处小心，比如，当我们并不了解对方是什么人的时候就要少说多听，不要轻易许诺，也不要轻易露出自己的“底牌”，以防小人借机抓住自己的弱势而大做文章。

如果我们大致知道某人有小人之嫌，那么就尽量对其敬而远之，不要与其交往；能疏远则疏远，实在不得已要与其共事，那一定不要和他产生更大的利益纠葛。

这样，我们方能有目的地巧妙避开小人及小人所设下的“陷阱”，从而把小人对自己的伤害降至最低，使自己不至于受小人的诈术所累，也就学会了保护自己。

6. 学会"识人"

曾国藩是一位鉴别他人的高手。他为人威严凝重，长着一双三角眼而且有棱角，在初见客人时，他往往注视着客人不说话，常常看得对方大汗淋漓、悚然难持。他对于如何鉴人很有心得，并著书成册，也就是著名的《冰鉴》一书。他尤其擅长通过人的身体语言来判断对方的品质、性格、情绪、经历，并对其前途做出预测。

一天，新来的三位幕僚拜见曾国藩，见面寒暄之后就退出了大帐。有人问曾国藩对此三人的看法。

曾国藩说："第一人，态度温顺，目光低垂，拘谨有余，小心翼翼，乃一小心谨慎之人，是适于做文书工作的。第二人，能言善辩，目光灵动，但说话时左顾右盼，神色不端，乃属机巧狡诈之辈，不可重用。唯有这第三人，气宇轩昂，声若洪钟，目光凛然，有不可侵犯之气，乃一忠直勇毅的君子，有大将的风度，其将来的成就不可限量，只是性格过于刚直，有偏激暴躁的倾向，如不注意，可能会在战场上遭到不测。"这第三人便是日后立下赫赫战功的大将罗泽南，后来他果然在一次大战中身亡。

还有一次，李鸿章向曾国藩推荐了三个人，希望曾国藩能给他们分派一份适合的职务。不巧的是，他去的时候，曾国藩恰巧散步去了，李鸿章示意三人在厅外等候。

曾国藩散步回来，李鸿章说明来意，并有意让曾国藩考察一下三个人的能力，也好按能力、人品、学识，安排适合他们的职位。曾国藩说："不必了，面向厅门、站在左边的那位是个忠厚的人，办事小心，让人放心，可派他做后勤供应之类的工作；中间那位是个阳奉阴违、两面三刀的人，不值得信任，只宜分派一些无足轻重的工作，担不得大任；右边那位是个将才，可独当一面，将来作为不小，这样的人才能委以重任，才不会误了社稷苍生。"

李鸿章闻听此言，大吃一惊，问曾国藩是如何考察出来的。曾国藩笑着说："刚才散步回来，我已经见到那三个人。我走过他们身边时，左边那位低头不敢仰视，可见是位老实、小心谨慎的人，因此适合做后勤工作一类的事情，我相信他不会中饱私囊，会兢兢业业地干好；中间那位，表面上恭恭敬敬，可等我走过之后，就左顾右盼，可见是个表里不一、阳奉阴违的人，因此不可重用；右边那位，始终挺拔而立，如一根栋梁，双目正视前方，不卑不亢，是一位大将之才。"

李鸿章照曾国藩的话去做，果不其然，三个人都如他所料，物尽其用。其中那个拥有才学的人，正是淮军勇将、后来的台湾巡抚刘铭传。

只有了解了他人，才能把握对方的人格之高下、品质之优劣、行为之美丑，才能做到有针对性，或者坦诚相待，或者持有戒心，从而防患于未然。然而，认知他人是不容易的，俗语说："画虎画皮难画骨，知人知面不知心。"这是一个复杂的心理过程，通常需要根据主要的信息来判断。

(1) 被认知者的外貌、言行、姿态等；

(2) 认知者与被认知者互动的情境，被认知者所具有的角色；

(3) 认知者本身的成见以及概念系统的简单与复杂程度，也会对认知者产生巨大的影响。

我们也许不像曾国藩那样能第一眼就"识人"，但，我们必须学会辨别交往的人的本性。具体来说，我们与人交往，不能只看其一行一言一事的外在表现，而是要透过现象看本质，尤其要注意他对那些身处逆境或地位低下的人的态度。

有些人表面装出一副和蔼可亲的面孔，其实隐藏着内心的真实意图。他们外表上对人极尽夸赞逢迎，暗地里却耍手段，使人前进不得，甚至还会落井下石。有时，他们看到你直上青云就逢迎拍马，专捡好听的话讲；有时，他们看到你事事顺心进展神速，就在背后造谣生事，陷你于不利；有时，欺骗、谎言、圈套在他们头脑中酝酿成“绳索”套在你身上，使你翻身落马；有时，他们看到你坠入困境，就幸灾乐祸，甚至趁机打劫。所有这一切，我们岂能不防呢？

生活中也会有“两面三刀”者，他们会采取各种欺骗方法，迷惑对方，使其落入“陷阱”，从而达到自己的目的。对此，我们在生活中一定要认识清楚，提高警觉。

人是很复杂的，了解一个人并不是一件简单的事。但只要我们注意观察，就可以通过这个人的一言一行了解他的素质、修养和品德。

想了解一个人，还可以观察他是怎样对待别人的。

(1) 人在得意的时候，特别爱诉说他与别人在一起交往的情景，他说的时候是无意的，不会想到他与被说人有什么关系，所以一般比较真实。

(2) 如果对方当着你的面说自己如何占了别人的便宜，如何欺骗了对方等，那你以后就得对他注意一点儿，有可能他也会这么对待你。

(3) 有一种人比较圆滑，很会处世，往往是当面一套，背后一套，当着你的面说你如何如何好，别人如何如何不好，聪明的人就得注意这种人了，因为他在背后说别人坏，就有可能在你背后说你坏。

(4) 有一种人可能当面批评你，指出你的缺点来，却又在你面前夸奖别人的优点，你也许不愿接受他的这种直率，但这种人是非常可以信赖的人。

(5) 看一个人如何对待妻子、儿女、父母，就可以分析出这个人是否有责任感、自私与否。你可以通过他是否按时回家，有急事时是否想着通知家人，说起家人时感觉是否很亲切等，从这些细节看出他对家人的态度。一个不把家人放在心上的人是不会把朋友放在心上的，这种人往往心里只装着自己，只关心自己的得失安危，根本就不会想到他人。所以交往时要注意尽量不要与那些没有家庭观念的人结交。

“知彼知己，百战不殆。”一般来说，与人交往之前，我们可运用以下四种方式对其进行具体考量。

(1) 以自己的感觉为依据

自己的感觉有时是最可靠的，因为自己的感觉不会欺骗自己。所以评价一个人怎么样，不能听信别人，更不能人云亦云。

(2) 重在表现，既要听其言，更要观其行

生活中不乏口是心非的人，如果只听其夸夸之谈，你显然会被其误导。只有行动，才能暴露一个人的本质。也只有经过对一个人的具体行动进行考察，我们才能够对他做出一个大致的评价。具体考量时，需从以下几个方面入手。

①在关键时刻或者危急时刻了解他，可以看清他的性格、个性以及人品。

②通过他的工作了解他，可以判断出他的工作能力、业务水平和敬业程度。

③通过其他人了解他，可以判断出他在人群中的形象、地位以及前途。

④通过他与别人的人际关系处理得好坏了解他，可以判断出他在处理人际关系方面的能力。

⑤在是非中了解他，可以清楚地了解他的人格高下。

(3) 确立自己个人的分类标准

一般来说，可以把周围的人按照性格特征分类。把他们一一对号入座，你心中就有了一个大致的交往之道，比如，老张很踏实，应该多交往；小陈工作散漫，还喜欢说同事的坏话，要与他保持距离，等等。

(4) 长期观察，随时调整

人是极其复杂的动物，而且很多人都有多重“人格面具”，因而想一

次透彻地了解一个人极不现实。了解一个人，需要长期观察，而不是在见面之初就对这个人的好坏下结论，因为太快下结论，会因你个人的好恶而发生偏差，从而影响你们之间的交往。

另外，人为了生存和利益，大部分都会戴着“面具”，你所见到的是戴着“面具”的“他”，而并不是真正的“他”。这是一种有意识的行为，这些“面具”有可能只为你而戴，扮演的正是你喜欢的角色，如果你据此判断一个人的好坏，并进而决定和他交往的程度，那就有可能“吃亏”上当。

在初次见面后，不管你和对方是“一见如故”还是“话不投机”，都要保留一些空间，不掺杂主观好恶的感情因素，然后冷静地观察对方的行为。

一般来说，人再怎么隐藏本性，终究是要露出真面目的，因为“戴面具”是有意识的行为，时间久了自己也会觉得累，于是在不知不觉中会将“面具”摘下来，正所谓“路遥知马力，日久见人心”。

※

第四章

不做“闷葫芦”，要善于表达你的不满

※

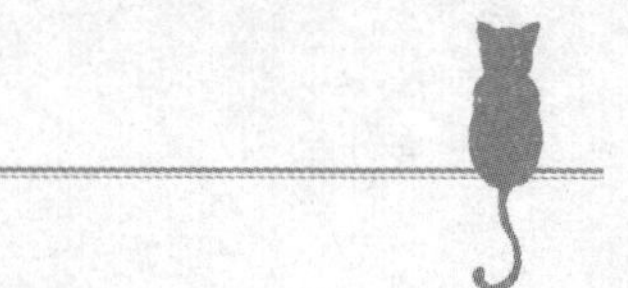

偶尔倾诉一下不满，发泄一下内心的不悦，当然，前提只是偶尔哦。

1. 适度的“抱怨”，是一种沟通的机会

有时候适度地抱怨一下，会成为在社交活动中发挥作用的“润滑剂”，而且非常管用。

很多时候，了解是从表达抱怨开始的。

譬如，一个人说：“我讨厌那部电影！”

对方也许会回答：“你也讨厌那部电影？噢！天哪！我们真是心有灵犀！”

用抱怨来拉近人际关系有多种方式。

“天气糟糕透了！”

“是的，外面冻死人了！”

……

不论这些抱怨是否与我们有关，它们通常都是良好对话的开端，可以帮助我们找到建立互动的共同点。

很多时候，不抱怨、不倾诉，换来的往往是漠视，失去的却是关心与爱护。

下面是一个职场人士的自述：

我的第一份工作是在一个杂志社做编辑，老板把一个人当两个人用。但那时候因为年轻，精力也旺盛，我有些小自负，愿意自己解决问题而不轻易求助，也生怕引来别人的同情。所以遇事，哪怕已火烧眉毛，我也会

做出一副悠闲的样子。

有一天收到一封邮件，附件很大，我因为最近一直加班，感觉有点累，就趁这工夫跑到阳台上抽烟。结果老板跑过来，问我为什么不着急工作。

我很委屈，我就问，是不是一定要我做出很忙碌的样子，才能确定我是在做正事？老板想了想，又说了一句让我无语的话：我觉得你一整天都很清闲啊。

是不是一定要我手忙脚乱，天天抱怨，他才知道，我在做正事？

后来离开了那个杂志社，随着年纪的增长，我慢慢感觉到，凡事不抱怨的做法，实在有些欠妥。不抱怨、不慌张很容易给别人一种误导，以为你还有更大的包容力可以包容一些事。如此，会失去很多沟通的机会。

那么，什么是“适度”的抱怨呢？

同在一个部门的珍妮和戴维，都喜欢抱怨。

有一次，管理部的几个同事不约而同地请了病假，上司准备派珍妮和戴维两人前去协助工作。

接到上司的邮件后，戴维当场便在办公室里嚷嚷起来：“管理部的人怎么一块儿请假啊，生病了？谁信啊，肯定一块儿逛街偷懒去了！”

珍妮看了上司的邮件后，立即给上司做了回复。她把自己手边的工作做了一张列表，还分别标明了重要程度，然后指出哪些是其他同事不能帮忙解决的，以及如果交给不了解项目的同事做有可能会产生哪些错误。上司收到珍妮的邮件后，觉得她说得非常有道理，最后决定只派戴维过去帮忙。戴维只好一边做管理部的工作一边加班忙自己的工作，还要一边喋喋不休地抱怨。

还有一次，珍妮的电脑出了问题，请IT部来维修，可一周过去了都没见人影。

戴维冷嘲热讽地说：“IT部的人不知道整天在忙什么，每次有问题都要等很长时间，领导们的电脑有问题他们怎么跑得那么快？就知道溜须拍马。”

在例会上，珍妮主动向老板抱怨，说维修申请表递到IT部一周了，可既没有人来维修也没有任何回复，造成自己的工作被迫中断，很多工作还要拿回家做到很晚，影响了每天的工作进度。老板非常重视珍妮的意见，立刻安排IT部的人员解决了珍妮的问题，还在各部门之间开展了一次反馈意见的活动，了解各部门之间协作的问题。

每次遇到问题，珍妮的恰当抱怨不仅解决了问题，还得到了上司的赏识；戴维却因为抱怨，在公司落了个“小气”的名声，大家都不愿意同他合作。

可见，珍妮的抱怨是“适度”的，而戴维的抱怨则是“过了头”的。

关于适度抱怨，有下面几条原则：

(1) 不要逢人就抱怨

只对有办法解决问题的人抱怨，是最重要的原则。

向毫无裁定权的人抱怨，只有一个目的，就是发泄情绪。而这只能使你得到更多人的厌烦。直接去找你可能见到的最有影响力的一位领导，然后心平气和地与他讨论。假使这个方案仍不管用，你可以将抱怨的强度提高，向更高层次的人倾诉。

(2) 抱怨的方式很重要

尽可能以赞美的话语作为抱怨的开端。这样一方面能降低对方的敌意，更重要的是，你的赞美已经事先为对方设定了一个遵循的标准。记住，听你抱怨的人也许与你想抱怨的事情并不相关，甚至不知道具体情况如何，如果你一开始就大发雷霆，只会激起对方敌对、自卫的反应。

(3) 控制你的情绪

如果你怒气冲冲地找上司表示你对他的安排或做法不满，很可能把他也给惹火了。所以，即使感到不公、不满、委屈，也应当尽量先使自己心平气和下来，然后再找方法解决。

也许你已经积聚了许多不满的情绪，但不能在此时一股脑地抖搂出来，而应该就事论事地谈问题。过于情绪化将无法清晰透彻地说明你的理由，而且还会使得领导误以为你是对他本人而不是对他的安排不满。

(4) 注意抱怨的场合

美国的罗宾森教授曾说："人有时会很自然地改变自己的看法，但是如果有人当众说他错了，他就会恼火，会更加固执己见，甚至会全心全意地去维护自己的看法。不是那种看法本身多么珍贵，而是他的自尊心受到了威胁。"

抱怨时，要多利用非正式场合，少使用正式场合，尽量与上司和同事私下交谈，避免公开提意见和表示不满。这样做不仅能给自己留有回旋的余地，而且即使提出的意见出现失误，也不会有损自己在公众心目中的形象，还有利于维护上司的尊严，不至于使对方陷入被动和难堪。

(5) 选择好抱怨的时机

"在找上级阐明自己的不同意见时，先向秘书了解一下上级的心情如何是很重要的。"人际关系专家这样建议。

当上司和同事正烦时，你去找他抱怨，岂不是给他烦上添烦、火上浇油？即使你的抱怨很正当、很合理，别人也会对你反感、排斥。让同事听到你抱怨领导其实并不好。如果失误在上司，同事对此不好表态，又怎能安慰你呢？如果是你自己造成的，他们也不忍心再说你的不是。眼看你与上司的关系陷入僵局，一些同事为了避嫌，反而会疏远你，使你变得孤立起来。更糟糕的是，那些别有居心的人可能会把你的话添枝加叶后反映到上司那里，加深你与上司之间的裂痕。

(6) 提出解决问题的建议

当你对领导和同事抱怨后，最好还能提出相应的建设性意见，来弱化对方可能产生的不愉快。当然，通常你所考虑的方法，领导也往往考虑到了。因此，如果你不能提供一个即刻奏效的办法，至少应提出一些对解决问题有参考价值的建议。这样领导会真切地感受到你是在为他着想。

(7) 对事不对人

你可以抱怨，但你抱怨后，要让领导和同事切实感到，你被所抱怨的事伤害了，而不是要攻击或贬低对方。对于大多数人来讲，通过一些事实证明自己错了是件很尴尬的事情，让上司在下属面前承认自己错了就更不容易了。因此在抱怨后，你最好还能说些理解对方的话。切记，你抱怨的目的是帮助自己解决问题，而不是让别人对你产生敌意。

……※……

2. 在职场中，要学会“有效抱怨”

在职场上，我们会发现“抱怨就像空气一样无处不在”，那么究竟抱怨是个什么样的东西，我们应怎样有效运用它呢？

有人问：“在生意场合为什么那些挑剔和难侍候的人，他们的要求(抱怨) 往往会得到优先的处理，而我对别人所采取的宽容态度，反而被忽视……”

这是一个很有趣而且很现实的问题，或者我们可以将它叫作“抱怨效应”。为什么会这样呢？

俗语说："会哭的孩子有奶吃。"艾米一直笃信这句话，所以工作上的大小事情都会成为她抱怨的内容——觉得天天跑出去吃饭太累，艾米就向同事埋怨："哎，你说我们公司也不小，怎么就不开个食堂？哪像我朋友的公司啊……"发现公司福利不好，艾米就抓住小细节不放："一个文件夹也需要自己跑去买，单位真是小气！"因为自己没有得到工作机会而愤愤不平，抱怨再次张口就来："哼，什么好事都分给别人做，老板也太忽视我了。"

诸如此类，凡是艾米觉得不满意的，她就要抱怨一通，长此以往，公司上下也都知道有这么一个常抱怨的同事。不了解的人以为艾米被忽视了才这样不甘寂寞，熟悉她的人却很清楚：她不过是一个类似于祥林嫂的人物。

前阵子，艾米离职了，领导不满于她的"怨妇形象"，委婉地请她离开了。

唠唠叨叨，不管场合与时间，只要是自己不满意的，就怨这怨那。这样的人注定会成为职场上惹人厌的人，不仅同事嫌烦，领导也厌恶这种人的存在。

职场中，抱怨要讲究合理正当，在合理正当的前提下，个人的抱怨才能得到认可。相反，长时间不看时间与场合的抱怨，哪怕确实有正当合理的理由存在，最终也会淹没在一贯的唠唠叨叨中。

一般而言，会不会发牢骚、抱怨是由人的性格决定的。爱发牢骚的人往往对自己要求不严格，语言掌控能力差。在发表言论时，这类人几乎不考虑时间、场合，对周围环境思考肤浅、说话轻率，很容易失去别人对他的信任。在领导眼里，在私下抱怨的人，就是"说闲话"的代表人物，而这是领导最忌讳的。有效抱怨应该是为了改善自己的待遇。

与艾米相比，陈言的策略就高明多了。

富有工作经验的陈言被一家软件公司聘任为商务部门主管。“新官上任三把火”，陈言不想被人看轻，一接手就带着自己的组员拼业绩。初期的工作积极性逐渐被每况愈下的经济形势消磨，陈言偶尔也会抱怨工作压力太大。当小组业绩状况又一次垫底后，她开始正视一个忽略已久的问题：为什么自己的组员是商务部门中最少的，业绩要求却与其他小组一致？

有点愤愤不平的陈言转而向同事诉苦：“老总也太苛刻了，我的人这么少，他给的指标却是一样的，还说我业绩不行，要按百分比算，我们组其实个个是精英。”

不过，对着同事抱怨，并不能解决问题。思来想去，陈言决定改变一下策略。她给老总发了封邮件，委婉地叙述了目前的困境，希望能在不影响公司整体运作的前提下，适当为自己小组增派人手，以便取得更好的业绩。没过几天，陈言被请进了办公室，老总很关切地询问了部门的具体情况，真诚地表示，作为领导不可能事无巨细地全部打点周全，有时沟通不畅很可能导致信息缺失，希望以后陈言适当地多提一些合理化建议，帮助公司成长。走出办公室后，陈言发现自己脸上洋溢着满足的笑容，工作状态也仿佛一下子回来了。

适时、适度，在适当的场合抱怨，既能引起领导的注意，又能使自己的要求得到一定程度的满足，这是聪明人的做法，也是“有效抱怨”。

“有效抱怨”是有理有据的，通常是经过思考，并且运用适当的方式表达出来的。

比如，在部门例会上，大家展开讨论时，将自己的不满以委婉的建议方式呈递，或者单独与上司交流，让他知道自己的想法。

想要让自己的抱怨有效，记得平时尽量不要在公共场合暴露真实的内心想法。

另外，在抱怨时最好事先进行调查，得到充足依据后再开口。这样既能让领导注意到抱怨的合理性，也可展示出自己做事有理有据，给领导留下一个好印象。

……※……

3．用幽默来表达内心的不满

在英国，人们表达不满的方法给了我们一个提示：用无声的语言和幽默的态度来表达内心的不满。

一个冰激凌店门口，一个小男孩用自己的方式表达着他对这个店的不满。他左手拿着的冰激凌盒子上写着3.6英镑，右手拿着的冰激凌盒子上写着3.8英镑，小男孩的胸前还挂着一个大大的牌子，上面画着一个大大的“?”。

冰激凌店的工作人员和小男孩说了几句之后，一个经理模样的中年男人走了出来，满脸笑容地把一个玩具熊送给小男孩，嘴里还不停地说着：“sorry，sorry”。

小男孩就是用这种无声的方式抗议该店在没有进行价格公示的情况下擅自提价，没有争吵也没有投诉，这样的无声的抗议竟然达到了如此效果，实在让人惊讶和佩服。

这种无声的抗议对于职场人表达最初的不满是有效的。如果你的上司通情达理、尊重你，用无声的语言或玩笑式的话语都能起到一定的作用，而且这种表达方式能更好地沟通感情，不至于以后双方难堪。

语言贵精不贵多。对某些事物不满，运用幽默的方式进行抱怨，是聪明的做法。下面举几个例子。

引人就范

为了使对方产生的期待落空，就必须先让他期待。当他被引进你的语言“圈套”后，再表露出你真正的意图。而这突然逆转的戏剧性，自然会产生出人意料的幽默效果。

一位顾客在啤酒摊上喝扎啤，他发现摊主每次倒扎啤时，不但杯里泡沫很多，而且没倒满。

喝完第二杯后，这位顾客笑着问摊主：“你们这儿一星期能卖多少桶啤酒？”“50桶！”摊主得意地回答。

“那么，”这位顾客有些神秘地说道，“我刚刚想出来一个使你销售量翻番的方法，这样你每星期就可以卖掉100桶啤酒了。”摊主一听，急忙问：“您能告诉我是什么方法吗？”

“很简单！只要你将每个啤酒杯里的扎啤都装满就行了。”

拟人幽默

一位男士和朋友到公园游玩，看到有人骑马，一时兴起，也租了一匹马来骑。

可骑上不久，他就发现这是一匹还未完全驯化好的野马。果然，在经过一道篱笆时，野马突然把他摔了下去。

归还马匹时，朋友问他骑得怎么样。他看了一下站在一旁的马的主人，似笑非笑地说道：“还不错，就是这匹马被主人驯化得太客气、太懂礼貌了，一看到有篱笆，它就让我先过去了。”

引东说西

一位小伙子带女朋友到一家日本料理店吃饭，吃着吃着，他满怀感慨地对女朋友说："早知道是这样的料理，前几天就应该带你来了。"端菜的老板听到了，十分得意地说："谢谢您的称赞，谢谢！"

小伙子说："我的意思是这生鱼片，如果前几天吃一定比较新鲜。"

明褒暗贬

一位顾客到一家理发店去理发，遇到的又是上回那位不太认真的理发师。他灵机一动，好像很激动的样子，大声地说道："太好了，上次也是你给我理的发。"

这位顾客边说还边竖起了大拇指："上次理得太棒了！"

理发师略感意外，但还是很高兴地说道："哦！谢谢！"

这位顾客这时凑近理发师，压低嗓音说道："好就好在我老婆不要我陪她逛街了。"

当然，如果公司有人事部，这些工作中的烦恼和不满是可以直接提出的，通过HR来表达能够更加委婉，而且也避免了你为了一些鸡毛蒜皮的小事产生不满，更不会让你直接去领导那里"碰钉子"。

如果事情真到了要和领导面对面说清楚的地步，先和HR沟通，也会得到更专业、更科学的建议，毕竟她们更擅长把握领导的心理，懂得用何种方式去处理这类冲突或问题。

但是，如果你的公司没有HR，事情也到了不得不解决的地步，那么就该勇敢地走过去，就你的不满和领导交流一下。一个开明、公正的领导会在一定程度上理解你的不满，并从他的角度给你一个合情、合理的解释。当然，这时的交流并非"硬碰硬"，你应该以婉转、幽默的方式表达出内心的不满，以促进问题的解决。

4. 真诚地说出你的不满

想要说服对方认同你的观点，靠的是以诚服人、以情服人、以理服人、以德服人，这是感情、知识和心智力量的使然。

情感的力量是情感的认知和共鸣，知识的力量能使人们信服观点的论证，心智的力量则能使人们接受辩手本身，并进而在有意无意中相信和支持你的论证与反驳。

抓住了对方的心，与对方交谈也就成功了一半。

如果你为人真诚，说话之前先有了真诚的心，那么即使是“笨嘴拙舌”也是没有什么关系的。有太多的事例一再证明，在与人交流时表达真诚要比单纯追求流畅和精彩更重要。

1915年，小洛克菲勒还是科罗拉多州一个不起眼的人。当时，发生了美国工业史上最激烈的罢工，并且持续达两年之久。愤怒的矿工要求科罗拉多燃料钢铁公司提高薪水，而小洛克菲勒正负责管理这家公司。由于群情激奋，公司的财产遭到了破坏，军队前来镇压，因而造成流血事件，不少罢工工人被射杀。

那种情况，可说是民怨沸腾。小洛克菲勒后来却赢得了罢工者的信服，他是怎么做到的呢？原来小洛克菲勒花了好几个星期结交朋友，并向罢工代表发表了一次充满真情的演说。那次的演说不但平息了众怒，还为他赢得了不少赞誉。演说的内容是这样的：

“这是我一生当中最值得纪念的日子，因为这是我第一次有幸能和这家大公司的员工代表见面，还有公司行政人员和管理人员。我可以告诉你们，我很高兴站在这里，有生之年都不会忘记这次聚会。假如这次聚会提早两个星期举行，那么对你们来说，我只是个陌生人，我也只认得少数几张面孔。上个星期以来，我有机会拜访整个南区矿场的营地，私下和大部分代表交谈过，我拜访过你们的家庭，与你们的家人见过面，因而现在我不再是陌生人，我们可以说是朋友了。基于这份互助的友谊，我很高兴有这个机会和大家讨论我们的共同利益。由于这个会议是由资方和劳工代表组成，承蒙你们的好意，我得以坐在这里。虽然我并非股东或劳工，但我深觉与你们关系密切。从某种意义上说，我也代表了资方和劳工。”

这样一番充满真诚的话语，是化敌为友的最佳途径。假如小洛克菲勒采用的是另一种方法，与矿工们争得面红耳赤，用不堪入耳的话骂他们，或用话暗示错在他们，用各种理由证明矿工的不对，那结果只能是招致更多的怨恨和暴行。

真诚就像一颗种子，你若细心维护，它终有一天会结出让你惊喜的果实。你真挚待他人，他人也会真挚待你，你尊重别人，别人也会尊重你。

但是，你不能把付出真情当作某种本小利大的低风险投资，使别人觉得你的“真情”只是一种交易的筹码，而算计的权利全在你的手中。

一个旅游团不经意走进了一家甜品店，参观一番后，并没有购买任何甜品的打算。临走的时候，服务员没有抱怨旅游团，相反，他更加热情，把一盘精美的可可糖捧到了他们面前，柔声慢语：“这是我们店刚进的新品种，清香可口，甜而不腻，请您随便品尝，千万不要客气。”如此盛情，使顾客不知不觉进入了糖果店营造的一种双方好似亲友的氛围之中。既然领了店家的“情”，自己又岂能空手而归呢？旅游团成员觉得不买点什么，确实有点过意不去。于是每人买了一大包，在服务员“欢迎再来”的送别声中离去。

如果这位服务员使这个旅游团的成员感到他的热情只是一种“算计”，那么结果只有一种可能，那就是：你越是热情，我越是拒绝。

我们所强调的是，真情，重在自然流露，在乎本性天成，每句话都是心里话，而不是“把装出来的热情做得不露痕迹”，这样才能够赋说服或者论辩以真情，从而在打动自己的同时打动对方。

一个真诚的人、一个具有人格魅力的人，即使不能舌绽莲花，也可以让一个能言善辩的人哑口无言！

……※……

5．保护自己的根本权利

在人们日常的交往中，那些与别人相处得最融洽的人，并不是处处“吃亏”的人，而是做得恰到好处的人。

坚持自己的权利是最基本的做人原则，你若随便让别人占你的便宜，你不仅会失去维护自己权利的能力，你也被削弱了站出来争取你应得权利的尊严。这不是说人不应该慷慨大方，人的确应该慷慨，但是慷慨是有条件的，而非轻视自己的权利。假如你向别人让步，而你又没有慷慨的资格，只会让自己负担不起之后的结果，这种行为最后会让你付出沉重代价。

你想要成为一个胜利者，最需要精通的就是维护个人权利（特别是领域权）。虽然对你领域权的最大威胁，似乎是来自于外在的那些威胁的人（有人总是随时随地准备要接收你的东西），但如果你没有设定自己的目标，或为自己设限，就等于“邀请”他们来侵犯你。胜利者会把领域遭到入侵当作自己的错，他们对自己的弱点就像对别人的弱点一样敏感。他们知道，如果说失败要归罪在谁的身上，那个人应该就是他们自己。

有些人的生活是痛苦的，因为他们在每一个点上都妥协，他们无法原谅自己，因为他们妥协了；他们知道应该勇敢一点，但是他们被证明是懦夫；在他们的眼里，他们丧失了自己的尊严，这都是妥协所造成的。

你经常感到受到压制，被人欺负吗？人们是怎样对待你的？你是不是三番五次地被人利用？你是否觉得别人总占你的便宜或者不尊重你？别人在制订计划的时候是否不征求你的意见，而觉得你会百依百顺？你是否发现自己常常在扮演违心的角色，仅仅因为在你的生活中人人都希望你如此？你想改变这种处境吗？

美国心理学家韦恩·戴尔指出：“我从诉讼人和朋友们那儿最常听到的悲叹所反映的就是这些问题。他们从各种各样的角度感到自己是受害者，我的反应总是同样的：‘是你自己教给别人这样对待你的。’”

盖伊尔来找韦恩，因为她感到自己受到专横的丈夫冷酷无情的控制。她抱怨自己对丈夫的辱骂和操纵逆来顺受，她的三个孩子也没有一个对她表示尊重，她已经走投无路了。

盖伊尔对韦恩讲述了她的身世。韦恩听到的是一个从小就容忍别人欺负自己的人的典型例子。从她性格形成的时期开始，直到结婚为止，她的行动一直受到她的极端霸道的父亲的监视。没想到她的丈夫“碰巧”和她的父亲非常相像，因此婚姻又一次把她推入“泥潭”。

韦恩对盖伊尔指出，是她自己无意之中教会人们这样对待她的，这根本不是"他们"的过错。她不久就理解了，那么多年她一直忍气吞声，实际上是自己害了自己，她的任务应当是从自己身上而不是从周围环境来寻找解决问题的方法。盖伊尔转变了态度，设法向她的丈夫及孩子们表明：她不再是任人摆布的了。她丈夫最拿手的一个伎俩就是向她发脾气，对她表示嫌弃，特别是当孩子们或者其他成年人在场的时候。过去她不愿意当众大吵，因此对丈夫的挑衅总是毫无办法。现在，她要完成的第一个任务，就是理直气壮地和她的丈夫抗争，然后拂袖而去；当孩子们对她表现出不尊重的时候，她坚决地要求他们有礼貌。

在采取这种有效的态度几个月之后，盖伊尔高兴地向韦恩汇报说：她的家庭对她的态度发生了很大的变化。盖伊尔通过切身经历了解到，的的确确是自己教会别人怎样对待自己的，三年之后的今天，她已经很少再被人欺负、被人不尊重了。

盖伊尔还懂得了，自己解救自己的关键是：用行动而不是用语言去教育人。如果你打算通过一次冗长的讨论来让人理解你不愿再受侵犯的重要信息，那么你得到的好处将仅仅局限在你和欺负你的人之间的谈话过程中，也许你还会和欺负你的每个人进行多次"交流"，但是必须等到你学会了有效的行动方式，否则你仍然会有烦扰。这就证明，你表明决心的行动胜过千百万句深思熟虑的言辞。

韦恩指出："许多人以为斩钉截铁地说话意味着令人不快或者蓄意冒犯，其实不然。它意味着大胆而自信地表明你的权利，或者声明你不容侵害的立场。"我们要学会保护自己的根本利益。

比尔是一个小有名气的律师，不久前离开与朋友合开的律师事务所，开始另立门户。由于工作很多，他只好雇了一位律师助理琳达。琳达做事很不认真，经常丢三落四，误了不少事。起初比尔发现琳达不是自己想要的那种人，很失望，虽然有些恼怒，却也没说什么，因为他一向是个不愿与人轻易翻脸的人。就这样，一直到办公室变得像个废纸收购站，需要的卷宗总是找不到，吩咐的任务十有八九被无限期地拖延，毫无效率可言时，比尔才真的对琳达抱怨起来。但是琳达却认为比尔这样对她不公平，愤愤然难以接受，而且要求比尔给她额外的薪水来完成他的要求。这下子比尔发火了，一气之下把琳达解雇了。然而随后可怜的比尔便面临了一堆难题：大量积压的工作急需处理；对琳达的怀恨，或许演变成对所有的年轻女孩的不满；对自己像个失败者一样处理问题感到愤怒；仍旧需要找到一个律师助理——他（她）或许做得更糟糕。平静下来之后，比尔终于认识到，他被伤害了，被很严重地伤害了。

工作中不知你是否有这样的体会：那些平时常伤害你的人会养成一种习惯，随着时间的推移，他们对自己所做的事变得习以为常。因为你以前从来没有反对过，他们就认为这样做是可以被接受的。一旦你忍无可忍，要求他们尊重你的权利、改正他们的习惯时，他们就会认为自己有所失，反倒认为是你的过错。此时，受伤害的一方和伤害人的一方似乎调换了位置，以致败者犹胜，胜者犹败，想要明确划分他们的相异性越来越不可能，特别是当问题已扩大到不可收拾的地步时。

现在，不妨再想想比尔的教训，然后记住这个原则吧，它可以适用于整个人生：如果有人伤害了你，你要及时告诉他，别觉得有什么难为情。如果错的是他，你可以让他知道你的立场，他很可能会有所改变。他也可能会觉得羞愧不已，对自己的自私行为感到内疚。宣扬你的权利绝不是占人便宜。当然，这样做的前提是要适度，不能过度反应。

因为要想争取在处理与同事之间的问题上占上风，就必须把目光聚焦在受到伤害这个事实上，而非挖掘别人的动机或人格，只有这样才能使对方产生自责感和羞愧感——这是最能从根本上解决问题的因素。只有毫不客气地把你的损失和受到伤害的事实列出来，你才有可能避免下一次的伤害。

当然，这条法则并不是教你去占别人的便宜，侵犯他们的应得权利。

这样一来，久而久之形成习惯，当你保护自己的权利时，别人也会顺理成章地尊重你的权利，同时也避免了许多无谓的伤害。

那么，如果有一天，你也像上一个例子中的比尔那样，躲避再三，却还是受到了防不胜防的伤害，又该如何亡羊补牢呢？其实比尔已经教你怎么做了。你必须要让对方知道你受到了他的伤害，尽管你原本不喜欢这样。大部分人并非一开始就心怀恶意，伤害别人也皆非有意如此。因此，倘若能马上告知那些伤害别人的人所犯的错，他们也许就不会再这样做了。要保护自己的根本利益，远离伤害，是永远不能指望别人的自觉和风度的，一切只能靠自己。

为此，你应该注意：

(1) 尽可能多地用行动而不是用言辞做出反应

如果在家里有什么人逃避自己的责任，而你通常的反应就是抱怨几句然后自己去做，那下一次就要用行动来表示。比如，如果应当是你的儿子去倒垃圾而他经常忘记，就提醒他一次。如果他置之不理，就给他一个期限。如果他无视这一期限，那么你可以不动声色地把垃圾倒在他的床头。一次这样的教训，要比千言万语更能让他明白你所说的“职责”的意思。

(2) 拒绝去做你最厌恶的也未必是你的职责的事

面对你不愿去做也非必须你去做的事情时，你有拒绝的权利。

(3) 斩钉截铁地说话

你必须在一段时期内克服你的胆怯和习惯心理，心甘情愿地迈出这一步。

(4) 不再说那些可能会使别人欺负或小瞧你的话

“我是无所谓的”“我可没什么能耐”或者“我从来不懂那些法律方面的事”，诸如此类的推脱之辞就像是为其他人利用你的弱点开了“许可证”。比如，当服务员合计你的账单时，如果你告诉他你对计算一窍不通，那你就是在暗示他，你不会挑什么“错儿”的。

(5) 对盛气凌人者冷静地指明他们的行为

当你碰到吹毛求疵、好插嘴、强词夺理、夸夸其谈、令人厌烦以及其他类似的人时，可以冷静地指明他们的行为。你可以用诸如此类的话声明："你刚刚打断了我的话"，或者"你埋怨的事永远也变不了"。这种策略非常有效，它告诉对方，他们的举止是不合情理的。你表现得越平静，对那些试探你的人越是直言不讳，你处于软弱可欺的地位上的时间就越短。

(6) 告诉人们，你有权利支配自己的时间去做自己愿意干的事

从繁忙的工作中或是热烈的场合中脱身休息一下是理所应当的。你有权支配自己休息和娱乐的时间，这是不容他人侵犯的正当权益。

(7) 敢于说"不"

摒弃那种支支吾吾的态度，不要给人造成误解。和隐瞒自己真实感受的"绕圈子"的话相比，人们更尊重那种不含糊的回绝。同时，这也是尊重你自己的表现。

(8) 心境坦然

不要为人所动，也不要对自己所采取的果断态度感到内疚。当维护自己的正当权利时，要做到坦然。

记住：是你教会人们怎样对待你的。如果你把这一条当作指导你生活的原则的话，你就能够自在处世了。

6．该批评时就批评，别总是“一团和气”

古人云：“人非圣贤，孰能无过。”一个人对世界的认识永远都是有限的，他（她）永远都需要别人的批评和指正来弥补自己的不足。如果大家发现了问题，但谁都不好意思说，而是听之任之、放任自流，那么不仅对个人成长极为不利，对于整个组织来说也必定会造成非常严重的伤害。“千里之堤，溃于蚁穴”，一个小小的错误往往能酿成大祸，所以敢于提出批评是我们每个人都应该担负的责任和义务。

唐朝初期的宰相魏徵以敢于直言进谏著称，不管什么时候，只要唐太宗有错误，他都敢于直接提出批评。

有一次，唐太宗违反他制定的18岁成年男子才须服兵役的规定，决定征召16岁以上、18岁以下、身材高大的男子从军。旨意发出以后，遭到魏徵的极力反对，唐太宗对此非常生气。魏徵没有感到畏惧，他义正词严地说：“您现在把强壮的男子都抽去服兵役，那么，田由谁来种？工由谁来做？您常常讲，当国君，首先要讲信用，可是国家的法律明明规定，男丁中的18岁以上的强壮者才需要服兵役，您为什么不遵守呢？您这样做，在老百姓面前不就失去信用了吗？”

魏徵的批评让唐太宗顿时没了火气，他对自己这位宰相既赏识又敬畏。魏徵病逝以后，唐太宗异常悲痛地说：“夫以铜为镜，可以正衣冠；以史为镜，可以知兴替；以人为镜，可以明得失。朕常保此三镜，以防己过。今魏徵殂逝，遂亡一镜矣！”

魏徵之所以能得到唐太宗如此高的评价，就是因为他敢于直言进谏。魏徵不惧权贵，敢于直接批评别人的错误，不仅为国家立下了不朽功勋，也让他成为以后历朝历代官员效法的楷模。

可惜的是，在当今社会，像魏徵这样敢于直言批评别人的人却并不多。无论在什么时候，永远是“一团和气”，是“你好，我好，大家好”的“和谐”场面，“多栽花，少栽刺，留得人情好办事”成了很多人自觉遵守的交际法则。领导不敢批评下属，怕少了支持；下属不敢批评领导，怕被“穿小鞋”；朋友之间不敢互相批评，怕伤了和气；自己不敢批评自己，怕丢了“面子”。这样的结果就是，我们能听到的实话越来越少，这对所有人来说都是有百害而无一利的。

小官在一家企业工作，在单位里大家永远以“和气”为先，有时候谁工作中犯了错误，彼此也不愿意直接批评，顶多是说些不疼不痒的话，然后息事宁人。尽管这种气氛让大家工作起来比较轻松，但有时也不得不为此付出一些代价。

在一次工作会上，领导当众做出一个决定，为了确保当年的经营利润，打算收回所有在外的流动资金。在场的同事们对此意见很大，因为这几年外部的投资环境很好，如果这个时候不加大投资，而是回笼全部资金，岂不是错过了大好的投资机会？这是领导对形势的明显误判，是经营策略方面出现的严重错误。但是在场的人没有一个提出反对，反而全票通过。

小官心里不是滋味，他以前学的是金融投资专业，因此他对领导的错误有着清醒的认识。他和部门的几位同事商量，打算向领导提出自己不同的意见。可小官的想法却马上被同事们拒绝了，“你敢批评领导，你以后还想不想升职了？”“你让领导没面子，以后你的日子也好过不了”。

同事们的“规劝”让小官左右为难，可出于对自己职业的尊重，小官还是想去试一试。当他走到领导办公室门口时，领导正好走了出来。“小官，找我有事吗?”领导和蔼地问。

“没……没什么事。”小官不好意思地说。

“你最近工作表现不错，继续坚持下去，前途不可限量啊。”领导一边夸奖着他，一边转身离开了。

看着领导走远的背影，小官最终还是放弃了。“算了，既然大家都不说，我又何必要去讨人厌。”他自我安慰道。

后来，大家的“一团和气”果然酿出了苦果，企业第二年的经营效益严重下滑，甚至接近亏损的边缘，而年底所有该发的福利和奖金也都被迫取消了。这时，最后悔的莫过于小官，“如果我当时能直接提出自己的想法，也许一直想买的笔记本电脑早已经到手了……”

孟子曾经提出过“闻过则喜”的观点，陈毅元帅也曾说过：“难得是诤友，当面敢批评。”所以，敢于批评别人不仅不会伤了双方的感情，反而是对对方负责的表现。因为你的批评，别人可以防微杜渐，提前意识到自己身边的隐患；因为你的批评，别人可以及时纠正错误，避免出现严重的后果；因为你的批评，别人可以引以为戒，从而不会一错再错。所以该批评时就批评，远比顺嘴说好话有价值得多。

“良药苦口利于病，忠言逆耳利于行。”我们要敢于批评别人，哪怕造成一时的不和谐，也不要不好意思开口。我们应该与别人坦诚相见，以诚相待，对彼此负责，这才是人与人之间应有的关怀和真情。

7. 不夸大自身的“伤口”

有些人喜欢夸大自己的“伤口”，也许他们希望别人体贴自己，也许他们想要宣泄压力，于是他们就把自己的伤痛加倍，告诉别人也告诉自己，仿佛那些“伤口”再也没有办法愈合。事实上，影响愈合的正是这种“留恋伤口”的行为，他们忘不了“伤口”，也不愿意忽略它，宁可把疼痛当作生活的重心，也不寻找方法做一次“伤痛转移”。其实，“伤口”留下的不过是一道“疤”，看似严重，却早已不碍事，只有对它们念念不忘的人才会一次又一次地受到伤害。

1967年夏天，美国跳水运动员乔妮·埃里克森在一次跳水事故中身负重伤，全身瘫痪。

那时，乔妮哭到绝望，她不能接受这个残酷的现实。出院后，她叫家人把她推到跳水池旁。她注视着那蓝盈盈的水波，仰望着那高高的跳台，忍不住偷偷地哭了起来。她知道自己再也不能站立在那洁白的跳板上了，再也无法融入那蓝盈盈的水波中了。

从此她被迫结束了自己的跳水生涯，那条通向跳水冠军领奖台的路上再也看不见她的踪影。

她一度绝望过，但她的心中还有信念。她拒绝了死神的召唤，开始冷静地思索人生的价值和生命的意义。

她借阅了许多励志类书籍。她虽然双目健全，读起书来却十分艰难。

她只能靠嘴衔根小竹片去翻书。

但每本书她都会认认真真地用心去读、去感悟。病痛和疲惫常常迫使她停下来，但休息片刻后，她还是会坚持读下去。

慢慢地，她变得阳光了，她释然了：我的身体是残疾了，但是我的心没有残疾，我还有信念！许多人残疾以后，却在另外一条道路上获得了成功。他们有的创造了盲文，有的成了作家，还有的创造出了美妙的乐曲，我为什么不能？于是，她开始好好地审视自己。

她想起来她除了喜欢跳水之外，对画画也很感兴趣。为什么不能在画画方面有所成就呢？想到这儿，这位纤弱的姑娘变得自信，也变得坚强了。她捡起了中学时代曾经用过的画笔，用嘴衔着，练习起来。

用嘴画画，这是一个多么“幼稚”的想法。家里人连听也未曾听说过，他们怕她不成功而更伤心，纷纷劝阻她：“乔妮，别那么折磨自己了，用嘴画画怎么可能？我们会养活你的。”可是，他们的话不但没有打消乔妮的热情，反而激起了她学画的决心：“我怎么能让家人养活我一辈子呢？”她更加刻苦了，常常累得头晕目眩，汗水把双眼弄得又辣又痛，甚至有时委屈的泪水把画纸也浸湿了。为了积累素材，她还常常乘车外出，拜访艺术大师。几年过去了，她的辛勤付出终于有了回报，她的一幅风景油画在一次画展上展出后，好评如潮。

1976年，她的自传《乔妮》一经问世便轰动了文坛。她收到了数以万计的热情洋溢的读者来信。两年之后，她的《再前进一步》一书又出版了。该书以作者的亲身经历向身患残疾的朋友们讲述了应该怎样战胜病痛，如何立志成才。后来，这本书被搬上了银幕，影片的主角由乔妮自己饰演，她成了千千万万个青年尊崇的偶像和学习的榜样。

在人的一生中，比死亡、衰老、疾病更惨重的打击就是失去理想。理想是一个人的人生意义所在。为了理想，很多人甘愿忍受一切痛苦；如果失去了实现理想的机会，那么一切苦难都会变得难以忍受。伟大的音乐家贝多芬患上了耳聋，严重的时候甚至听不到任何声音，一个创造美丽旋律的人却听不到声音，这不得不说是最大的悲哀。贝多芬消沉过、绝望过，甚至写下了遗嘱。但最后他还是决定在原地站起来，靠着坚强的毅力继续他的创作，并登上了人生的巅峰。

失去并不等于一无所有。人不应该只有一个理想，当原来的那个理想无法实现时，就要寻找下一个，这才是生命的意义所在。昨日的理想不能挽回，明日的理想还未建立，我们需要做的是留心观察、仔细寻找，总会有事情唤起我们曾经的激情，让我们重新奋发的。

……
※

第五章

要尊重别人的意见，但也要表达自己的观点

※
……

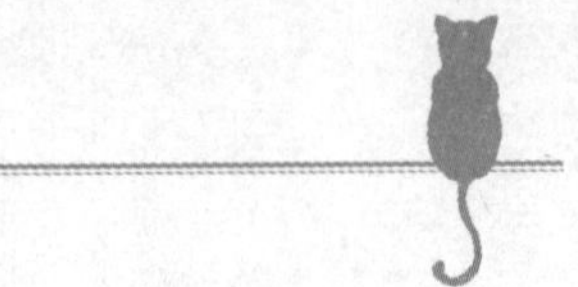

话说得太多了，牛皮“吹”得太大了，总会招来别人的唾弃或鄙视。但是，做人也不能太过呆板、懦弱，该开口时不敢开口，该表达时不好意思表达，这样做无疑也会招人轻视。

1. 客套与亲密都要适度

讲客套，是我们必不可少的礼仪文化，比如，同事之间相互帮忙，你要说“谢谢”；无意间冒犯了别人，你要说“对不起”；多年未见的朋友突然见面，彼此要寒暄一阵子……所有这些，如果做得恰到好处，当然无可厚非。可是，如果我们不分人物、场合，太过注重礼节、太客套、太拘谨，那么就有“见外”的嫌疑，尤其是和那些比较熟悉的人，如果太讲究客套，双方的感情往往就会渐渐疏远。

弗兰西斯·培根曾说过：“人与人之间最大的信任就是对于直言的信任。”的确，所谓“见外”往往是指因某种不必要的委婉而与对方形成的一种心理上的隔阂。反而是直言，有时候恰恰是一个人真诚的表现，也是和对方关系密切的标志。

在有些国家，人们不习惯于太多的客套而提倡自然坦诚。例如，在美国，主人请你吃饭，如果每道菜上来时你都客气一番，迟迟不动，那么，也许你会饿着肚子回家；如果你是一位进修学者，当指导教授问及你的特长和主攻方向时，如果你过分自谦，也许你就会被派去洗试管、做杂活。

可见，在现代交际中，什么时候要客气，什么时候要直言不讳，往往是影响一个人交际成败的关键。通过成功的口才这一媒介，不熟识的人可以熟识起来，长期形成的隔阂可以消失，积累已久的矛盾也可以通过它得到解决；而若是语言运用不当，除了交际失败，甚至还会损害自身的形象。

不能过分讲客套是我们提倡的，但是适当的客气还是必需的；否则，别人会以为你不尊重他，或者对他有成见，同样会让朋友、同事对你敬而远之。

筱尤和芷婉是一对好朋友，筱尤虽然在芷婉面前就像一只麻雀，叽叽喳喳总是说个没完没了，但是在别人面前却有些木讷、不爱说话。

有一次，筱尤本来打算和男朋友一起去逛街，芷婉非拉着筱尤一起去参加一个朋友的生日聚会。芷婉要买礼物的时候，筱尤没让她买，说自己家正好有朋友送给母亲的一套床罩，非常精致，但是家里还有很多，也用不着，当作生日礼物送给朋友正合适。

于是她们一起拿着礼物到了朋友家里。把床罩送给朋友的时候，芷婉说："看我们送你的礼物，还不错吧，哈哈，这可是我精心准备的啊。"筱尤听芷婉这么说，只是笑了笑，但是心里有些不悦，本来是自己把家里的东西拿来一起送给朋友的，芷婉却抢了功。

聚会是在朋友家里的客厅举办，客厅不是很大，为了腾出更多的空间，朋友把沙发堵在了墙角。沙发上一共坐了六个人，坐在里面的不方便出来。筱尤坐在沙发的外面，所以拿一些小东西，或者给里面的人倒水就成了她的任务。

每次让筱尤做这些，里面的人都有些不好意思。芷婉仗着和筱尤的关系好就替她说："没事，反正筱尤坐在外面。再说，她是个热心的人，你们要什么尽管吩咐她。"筱尤没有说话，只是笑笑。

等到大家聊得高兴，便没有人在意这些了。芷婉便在一边指挥："筱尤，这里没有水了，过来加点水。""筱尤，把那本书拿过来，我要看。""筱尤，去换首歌听。"本来她就对芷婉一开始的表现有些在意，如今又像个服务员一样被芷婉指挥，筱尤心里憋了一口气。后来，没等聚会结束，她就借口肚子不舒服先离开了。

有些人为表示与朋友之间的亲密无间，乱用尖刻词语，在别人面前尽情嘲讽朋友；还有一些人，一聚会就忘乎所以，以能言善辩、哗众取宠为乐，或指手划脚、信口雌黄，或在朋友说话时肆意打断。也许这只是简单的表现欲，并无恶意，但没有人天生喜欢做你的观众、忍受你的言语伤害。其实，就算是再熟悉的同事、再亲密的朋友，也需要适当讲究客气，不能过于随便。

因此，一个人不管是在谁的面前，熟悉的也好，不熟悉的也好，虽说不能太过客套、谦让、拘谨，但是起码的客气、尊重和诚信还是要注意的。

…… ※ ……

2. 无趣乏味的话题，还不如不说

很多时候，人们同别人聊天时，无论是熟悉还是不很熟悉的朋友，常常会觉得无话可说，或者说出的话乏味无趣，让人听着没有与其聊天的兴趣。一直这样聊下去，只能让人对你的印象大打折扣。

平时，孙明和同学在一起总是滔滔不绝，话特别多，可是，并没有人因此夸他口才好。他常常因说话不着边际、话题乏味而招人烦，没有几个同学喜欢他。

有一次，班里的张华获得了作文比赛一等奖，学校奖励给他一个笔记本。同学们都在向张华表示祝贺，孙明凑过去说：“我邻居大哥在《萌芽》杂志举办的新概念作文里获得了三等奖，他可厉害了，我真佩服他！”

同学们讨论问题时，孙明也会插嘴说上一大通不着边际的话，东扯一句，西扯一句，说了半天人家都不知道他在说什么，因此大家总是很厌烦地说：“好了，好了，我们都知道你想说什么，能不能不说了？”

孙明非常崇拜那些能言善辩的人，那些人靠口若悬河就赢得了大家的喜爱和尊敬，为什么自己这么能说，却总是让别人反感呢？

孙明把自己的苦恼向陈老师倾诉了。陈老师是学校“演讲辩论社”的辅导老师，听到孙明的苦恼后，他笑了：“讲话不仅要有话可说，还要把话说到点子上。言之无物说得再多也只是废话，还会惹人反感。好口才的标准是，不仅要敢于开口说话，还要言之有物，这样才能显示出你的语言修养。”陈老师的一番话令孙明茅塞顿开。从此以后，孙明在与大家聊天时认真倾听，抓住话题，尽量发表一些精到的观点。后来，他给大家的印象慢慢好了起来。

可见，好口才不是天生的，它更需要人的后天培养。想让自己的言谈不乏味，妙趣横生，就必须要有广泛的知识做基础。如果你的学识够深，知识面够广，那么你在与人交谈时候的话题自然就多，也会更灵活。

刘瑾总是羡慕小南有一副好口才，无论是在与同事的聊天中，还是在和客户的谈判中，小南总是反应敏捷，对答如流，能轻易地说服别人。

有一次，小南邀请刘瑾到家里做客。借小南离开的空当，刘瑾起身在房间转悠，突然她发现，小南的客厅里有个非常大的书柜，里面是各式各样的书籍，有体育方面的、美容方面的、文学方面的、哲学方面的、社交方面的、时事方面的……她看得有些眼花缭乱。这时她才明白，原来小南之所以不管和谁说话都“一套一套”的，是因为小南看了这么多的书啊。

于是，为了提升自己的知识面，刘瑾便经常向小南借书来看。之后的一段时间，一些同事发现刘瑾似乎比以前会说话了，于是就开玩笑地说：

“刘瑾是不是和小南在一块儿时间长了，也传染了小南的说话本领了？”刘瑾笑笑，其实只有她自己明白，她之所以被同事认为越来越“会说话”，都是因为她看的那些书啊。

有句话叫“腹有诗书气自华”。的确如此，一个人只有掌握的知识多了，说话才能更具魅力。因此，为了让自己能够出口成章、妙语连珠，你不妨多参与一些能够扩大自身知识面的活动。

比如，利用节假日走出家门，走向社会，走向大自然，这样做可以增长见识、陶冶性情，也可以培养兴趣、开放胸襟。旅游是一种开放性活动，交际也是开放性的，两者是相通的。在旅游中，你可以直接接触到一些新事物，增加见识。这样接触的东西多了，谈资多了，不仅可以为以后的交际增加话题，也能让你的话题变得有趣。

另外，你最好紧跟时尚，当然这里的时尚不仅仅是服饰的时尚，也是知识方面的时尚，多了解新生事物；多看一些报纸、新闻，了解时事，了解社会的最新动态。在社交活动中，大家经常会谈到时事，如果你“两耳不闻窗外事”，那么你一定无法融入大家的谈话，就更不用说能使谈话妙趣横生了。

当然，我们也要多关注生活，加强生活积累。要想让大家喜欢听你聊天，你就要紧贴生活，因为生活往往是大家最关注的问题。

无论是知识、阅历，还是情感、生活，只要你能认真地去探索，你就会发现它们都不是深不可测的。因此，要想让自己妙语连珠，激起大家聆听的兴趣，你就要多掌握各方面的知识。

3. 锻炼自己的“口舌”

有些人或许觉得自己的说话声音不动听，也害怕说错话，因此不敢在别人面前大声说话。如果你总是在意自己的声音不好听，说话没有力度，那么你越是这么想，你就越没有自信，也越容易在公众场合变得结巴。不要以为声音是天生的，改不了；也不要以为会讲话、能成演说家的人一定从小就说得流利。其实，一个人是否会说话、说话的声音动听与否在很大程度上要靠后天来塑造。

日本前首相田中角荣，少年时曾患有口吃病，但他没被困难吓倒。为了克服口吃，练就口才，他常常朗诵、慢读课文。为了准确发音，他对着镜子纠正嘴和舌根的发音部位，严肃认真，一丝不苟。

试想，一个有口吃的人尚能克服自己的不足，并且在口才上有所造诣，何况先天口齿清楚的我们呢？

我国早期无产阶级革命家、演讲家萧楚女，靠平时的艰苦训练，练就了非凡的口才。萧楚女在重庆国立第二女子师范教书时，除了认真备课外，每天天刚亮就跑到学校后面的山上，找一处僻静的地方，把一面镜子挂在树枝上，对着镜子开始练演讲，从镜子中观察自己的表情和动作，把握自己的音调、音量。经过这样的刻苦训练，他掌握了高超的演讲艺术，他的教学水平也很快得到提高。

说话是否大声、是否自信，是练就好口才必须把握的。即使你没有动听的声音，你也应该大胆地、自信地把它讲出来。只要你能语速平缓、掌握节奏、声音洪亮，那么你的声音听起来一定非常棒。

我国著名的数学家华罗庚不仅有超群的数学才华，而且是一位不可多得的“辩才”。其实，他小时候并不善于讲普通话，为了学习讲普通话，他还背了唐诗五百首，以此来锻炼自己的“口舌”。

这些名人、伟人并不是天生的演说家，但是他们敢于挑战自己的不足，并且相信只要一丝不苟地刻苦训练，就能够“一分辛苦成就一分才”。

当然，除了刻苦，还须大胆、自信地表达，这样你说出的话才不会磕磕巴巴、词不达意。

有些人只能和最熟悉的朋友谈话，否则，一开口总免不了紧张。比如，有的人在做公众演讲时，他可能觉得在场的人会仔仔细细地分析他所说的每句话。但事实上，听众们并不会这么做。下面听你讲话的人也只是和你一样的普通人，你在某些方面一定比他们优秀。你一旦从心理接受了这种自信，说起话来自然就顺畅多了。

周渐的性格有些腼腆、木讷，在朋友和同事中，她也很少说话，而且一说话就脸红。她说话的声音很低，甚至有时候一句话说完了，别人都没听明白她讲了什么。

有一次，公司举办年终晚会，每个人都可以免费参加抽奖，得奖的人到台上领奖的时候必须要发表获奖感言。周渐抽到了二等奖，当她上台领奖的时候，面对下面那么多人，她一下子蒙了。主持人要求她发表获奖感言，她支支吾吾地不知道说什么，话筒里传出的声音小得只感觉在嗡嗡地叫。幸好主持人看她这样不好意思，就给她打了一个圆场，替她说了几句就让她下去了。这次发言让她感觉非常丢人，于是她决定练好自己的表达能力。

周渐住在公司的宿舍里，每天她都要比别人早起半个小时，一个人跑到操场练习讲话，因为这个时间操场上没有人，于是她就大声地对着自己讲话。后来她发现，其实她越是把声音放大，心里的紧张就越是会减少。明白了这个道理后，平时不管是和陌生人，还是和同事、朋友说话，她的声音都比以前要洪亮得多。

后来，同事们都说，周渐好像变了个人，再也不会表现得木讷、腼腆了。相反，就算是在上司那里，无论是汇报工作，还是会议发言，她都能大声地说出自己的看法和意见。她说，提高声音让她增加了自信。

逐渐地，周渐在同事、朋友中成了一个中心人物。有人问她怎么从一开始的腼腆害羞到现在的从容应对，变化这么大。她说，其实也没有什么，只要大声说话，让大家都听到你的声音，这样就能增加自信了。

其实，会说话和拥有自信相辅相成，如果你能大胆地把自己想说的话讲给别人听，这就是一种自信。当你得到了对方的热烈回应，那么你的这种自信就会上升。如果你能一直保持这样的自信，让你的说话声音变得洪亮，声音传达到对方那里，并征得热烈的反应，这样不断循环，你的自信就会越来越多，你的谈话就会越来越顺畅，你的“人气”也将会不断地提升。

有一次，索菲邀请魏岩去参加一个朋友举办的联谊会。在会场里，魏岩没有认识的人，于是索菲逐个把自己认识的朋友都介绍给魏岩。索菲介绍了一位曾经多次在魏岩面前提到过的男士。魏岩心想：这便是我心里一直幻想的白马王子形象：眼神忧郁、说话语气低沉、喜欢音乐……所有的特点都是我喜欢的。

这位男士也曾听索菲提到过魏岩，知道她是一位摇滚音乐爱好者，还是一个文学爱好者，于是主动过来和魏岩聊天。

这位男士说："魏岩，认识你很高兴。"

魏岩还没做好心理准备，因此有些紧张。"你好!"魏岩说，但是在心里却开了小差，她想，如果她能赢得这位男士的好感就好了。

这位男士说："听说你喜欢文学？我原来在学校经常给校乐队写歌。"

"是吗？"魏岩想说什么，但是又被自己憋回去了，她害怕自己说错了话，给对方留下不好的印象。

……

这样聊了一会儿，魏岩不是目光在四处寻找索菲，希望她过来缓和一下她的紧张心理，就是心理紧张，总是表情和语言跟不上。

这位男士觉得，魏岩是个心高气傲的人，可能对自己根本就没有兴趣，看她说话总是心不在焉，于是很礼貌地找了一个借口离开了。

魏岩感觉非常遗憾，原本遇到了一位自己心仪的男士，却被自己错过了。

社交中，无论是与熟悉的人还是陌生人聊天，要想赢得对方的好感，你说话时的表情、语气、语调都是非常关键的。

你语言里所表达的同情、关心、厌恶、鄙视、信任、尊重、包容、原谅、排斥、愤怒、反感、欣慰等，都会暴露在你的面部表情、语调以及你说话的声音中。因此，我们说话的时候，不仅要在语言的内容上下功夫，也要在表情、语气、语调上多注意。

作为语言辅助工具的语调、语气，能起到和表情同样的效果。比如，妥帖而富于变化的语调，能够增强言语信息的明晰度，是交流的重要辅助手段。

一个人如果善于运用语调、语气，在交流中就会为说话的内容增加分量，但是如果把握不好，则会让人更快地失去机会。

一个会说话的人，会通过自己的表情和语调来向对方传达自己的感情，让表达更具感染力。比如，与对方谈论起愉快的事情时，应该使用明快而爽朗的声调；与对方谈论起忧伤的事时，应该使用低沉、缓慢的声调；同对方辩论问题或鼓励对方时，应该使用比解答问题和安慰对方时高出一倍或几倍的嗓门儿。这样轻重抑扬相结合，才便于人表达丰富多彩的内心世界，抒发真情实感。

另外，语调不仅表现在人说话时要高低有致，还体现在人说话的速度上。

例如，对于一个复杂的主题，你需要给予听众更多的时间来消化你所讲的内容。在与人讲话时，你要试着调整语速，以保证与听者的理解速度相一致。放慢语速听起来更加成熟和严谨，这表示你在谨慎地选择语言，并使自己的信息听上去更重要。加快语速会传达一种兴奋、热情和能量。听众需要更努力地跟上你的谈话，因此更迅速地交流可以引起注意，并更需要集中精神。

语速和声调是一种最有效的结合。无论你和他人谈论什么话题，都应该注意让自己说话的语速、语调与所谈及的内容相协调。

当然，除此之外，如果你口齿清晰、言谈清楚明白，别人会更多地倾听你的话。如果你的话含混不清或言语暧昧，人们往往会失去听你说话的耐心。因此，一个人说话时的语调、节奏、强度、热情和速度都是可能催人入眠，或者发人深省、使人兴奋、充满活力的重要因素，需要在平日多加锻炼。

4. 别让赞美染上“逢迎拍马”的嫌疑

赞美的话人人都爱听，却不是人人都会说。赞美的话说得好，就仿佛是用一支火把去照亮别人的生活，也会照亮自己的心田，有助于体现被赞美者的美德，推动彼此友谊健康地发展，还可以拉近双方之间的距离，甚至消除彼此的怨恨；说得不好，则会让人觉得你是在逢迎拍马，难免会对你敬而远之。

李成建在科室辛勤工作已经两年了，可还是一个普通职员。经过前辈的指点，李成建恍然大悟，原来经理掌握着这个部门里所有员工的升迁大权，如果李成建想升迁，就必须经过经理的同意。于是，他开始学着讨好经理。

“您这件西装可真好！我从来没有看到过这么好的西装！要是什么时候我也能穿上这么一件就好了！”有一天，李成建盛赞经理的西装。没想到，经理反倒因为李成建这么长时间以来没有注意到自己的西装有些不满：“不是吧，这套西装已经买了半年了，难道你没有注意到吗？”李成建一时无语，经理却在心里说：“这小子，想‘拍马屁’也不动脑子找个合适的话题。”

赞美的话，如果夸大其词、不切实际，就很容易让人联想到逢迎拍马。对方不但不会对你的赞美心存感激，甚至还会对你产生不必要的误解和信任危机。

懂得赞美的人都知道，在日常生活中，人们有显著成绩的时候并不多见，因此，交往应从具体的事件入手，善于发现别人哪怕是最微小的长处，并不失时机地予以赞美。赞美用语越翔实具体，说明你对对方越了解，对他的长处和成绩越看重。让对方感受到你的真挚、亲切和可信，你们之间的距离就会越来越小。这不但有助于你的人际交往更上一层楼，还能使你更顺利地开展自己的工作。

无论你是与人初次见面，还是碰到多年未见的朋友，或者拜访客户，都不能缺少一番“场面话”。这个时候，你给人的印象好坏便取决于你说话是否让人“受用”。人人都喜欢听好话、听赞美的话，所以为了达到双赢的效果，在人际交往中适当地运用恭维对方的“场面话”是必要的。

“场面话”也许人人会说，但是如何掌握说“场面话”的时机、技巧及内容，就有大学问了。

花季是一个化妆品推销员。有一次，她到一个家具广场拜访客户，里面都是一个一个的独立空间。花季从敞开的门看到坐在柜台前的刘女士就进去了。

花季先把自己的新产品对刘女士做了一番介绍，但是，刘女士并没有表现出太大的兴趣。花季接着说：“您这里装修得真典雅，我看每个空间都是不同的，应该是自己设计的吧！”刘女士随便回答了句“是”。

花季又说：“我看您自己的穿衣风格和这屋子的色调很搭，不会这屋子的装修是您的想法吧？”刘女士笑了笑说：“真的吗？我喜欢典雅一点的东西，但是这屋子可不是我设计的。”“不过这屋子的装饰可真像您的风格，看您的围巾和墙壁上的壁画颜色多相似。”刘女士看看自己的围巾，再看看壁画，还真是。于是她也来了兴趣，顺着花季的话题聊开了。

有些话，在别人听来，明明知道不过是“场面话”，但是听了觉得非常得体，于是心里也就对你所说的“场面话”欣然接受了。

说“场面话”，其实有很多的话题可以切入。比如，在对方的办公室，你可以从他的办公室装修说起；如果你发现对方的打扮非常特别，你可以从她的穿着风格说起；如果你曾经听别人说过对方的名字和事业，你可以从他的成功说起；如果你知道对方有些很特别的能力，你可以从虚心讨教说起；等等。只要你可以适时、适地地切入适合的话题，那么接下来的谈话就会比较顺畅了。

但是，凡事要有个度，如果“场面话”说得太夸夸其谈，不符合实际，那么你的“场面话”就有讨好、巴结的嫌疑了。这时，你不仅可能达不到预期的效果，更有可能会适得其反。

谢天是一位食品推销员，王女士是他的一位大客户，因此他非常珍惜，每次在拜访王女士的时候，都会想方设法说一些好听的话，让对方高兴。一次，他又去王女士办公室拜访她。

看到对方办公桌上有些图案，谢天就没话找话地说：“王姐，您这办公桌真好看，还有艺术涂鸦啊！”对方瞅了他一眼，扑哧笑了，并且态度有些不大友好地说：“你的眼睛多少度啊，那是划痕。”一时间，谢天感觉非常尴尬，恨不得有个地缝钻进去。之后，他再也不敢轻易说奉承对方的话了。

当然，谢天只是一时“眼拙”闹出了笑话，但是倘若你有意说一些不着边的话，让对方听了觉得你是在讽刺他，那恭维的“场面话”就会完全变了味道。

所以，说场面话要切合实际，要说得不让别人感到“肉麻”；如果你说得太过直白，或太过夸大事实，你的话让所有人都坐立不安，那还不如不说。

场面话有时候就像一个屋子的装潢设计，简单大方的设计一般是最让人心旷神怡的，因此“场面话”也讲求浅显又简单。“场面话”要让人听着舒服，就要避免说一些不好的东西。比如，你如果突出了对方的优点，对方听了会开心；而你若强调对方的缺点，除非是你不愿意和对方聊天，否则，对方一定对你超级反感。

适当地说些好听的“场面话”，是有礼貌、有教养的表现。这样不仅可以营造良好的情感氛围，而且可以使双方在心理和情感上靠拢，缩短双方之间的距离，从而更有利于自己和对方友好的合作。

赞美是一门说话的艺术。适当得体的赞美，会使人感到开心、快乐。一个人只要真正掌握了赞美的方法，在人际交往中就能如鱼得水。所以，赞美的话一定要说得巧妙，最高明的做法是自然而然、不露痕迹。

不要小看赞美这门艺术，若能正确运用它，就会使被赞美者心情愉快；而作为赞美者自己，也会从中感到快乐和幸福。

…… ※ ……

5. 说大话赢不来别人的尊重

说大话的害处，许多有识之士早已深知。鲁迅先生说过：“我想，大话不宜讲得太早，否则，倘有记性，将来想到会脸红。”这就告诫人们，遇事要采取实事求是的态度，说话要留有余地，千万不要说大话，不要“吹牛”；不然，说了大话，脸红一下倒也无妨，引出别的事来就不合算了。

山里住着一只狼和一只狐狸。有一次聊天，它们谈到了人，狐狸说：“这个世界上，人才是最厉害的，假如你见到人，千万要赶快逃跑，否则会吃亏的。”

自以为凶猛的狼并不相信，它说：“人算什么，我住在这山里已经这么多年，还没怕过什么东西。如果我遇见了人，一定毫不犹豫地向他扑去，让他知道我才是最厉害的。”

于是它们决定第二天去找一个人证实一下。

第二天，狐狸和狼先遇见了一位老人，但是狐狸却说：“他以前是人。”它们又遇见了一个背着书包的小男孩，狐狸还是摇摇头否定：“他将来会是人。”最后，他们遇见了一个猎人，狐狸告诉狼：“这是人。”说完自己就先逃跑了。

此时，狼想都没想就扑了过去，结果被猎人打得落花流水。等到狼侥幸逃脱跑到狐狸身边时，它痛苦地说：“啊，我没有想到人的力量这么大，幸亏我跑得快，要不然我就真被那个人打死了！”狐狸非常不屑地看了狼一眼，冷笑着说：“你就会说大话，现在神气不起来了吧！”

虽然这只是一则寓言，但是非常生动地道出了说大话的坏处。管子说过：“言不得过其实，实不得过其名。”自古以来，有许多名人学者常常用管子的这句话作为自己的座右铭。然而，有的人却并不懂这个道理。

赵国有一个方士好讲大话，自称见过伏羲、女娲、神农及尧、舜、禹、汤等，以致“沉醉至今，犹未全醒，不知今日世上是何甲子也”。恰好当时赵王坠马伤肋。大夫说：“须用千年动物的血敷上才容易痊愈。”于是，艾子和赵王说，他听说有个方士，至今已有数千岁了，如果杀了他，用他的血为大王疗伤，一定很快就会痊愈。赵王听了大喜，派人秘密抓获了那个方士，打算将其杀死。方士吓得拜倒在地，哭诉着请求赵王饶命。他说："昨日是父母的五十大寿，请来了父老乡亲同来祝寿，没想到酒喝多了，不知不觉言辞过度，说了大话。其实，我哪里活过千岁呀。望赵王赦免！"

在今天，一般来说，有才干的人是值得钦佩和尊重的，所以人们都努力地朝这个方向靠拢，有些急脾气的人便采用了"吹牛"这种手段。在办公室里，他们神乎其神地讲述自己如何有能力、有条件、有资本，还有模有样地描述着成功事例。当然，一般都会在一片"嘘"声中结束"演讲"。这种可笑的举动，大大影响了他们的形象，降低了同事们对他们的信任度。

还有些人除了在日常生活中和同事、朋友吹吹牛，甚至为了显示自己的能耐、背景，还会跑到客户那边大吹特吹。这样的人不但得不到客户的信任，反而会让对方从内心瞧不起。

有个知名的电台主持人到一家上市公司应聘销售经理，因为这家公司的老总很爱听他的节目，认为他是一个充满生机与活力的年轻人，最重要的是，他的口才确实一流，所以就破格录取他了。

老总对他抱有很高的期望，以为他的好口才和曾经的名气必定会给自己带来可喜的收益。表面上看来，所有的客户都很喜欢他，因为他会讲段子，给他们枯燥呆板的生活带来了乐趣。但是，5个月过去了，他一张订单都没接到。

老总觉得奇怪，于是打电话问其中一个客户。还没等老总说什么，对方就笑着说："听说你们公司招了个主持人？"老总说："是啊，都5个月了，您为什么不关照关照他呢？"对方打哈哈说："咳，人家说你们公司订单都做不完，我就琢磨着你们嫌我这儿订单太小！"这让老总顿觉哭笑不得，心想，原来这个主持人是个"吹牛皮"的人，如果订单做不完，还招他进来做什么啊！

有些人虽然没有什么本事，却偏偏喜欢“打肿脸充胖子”，在众人面前卖弄自己的才华、财富，大肆吹嘘，硬是“把芝麻说成西瓜”。

然而，我们都知道，比起那些大摇大摆张扬卖弄的人，比起那些咋咋呼呼的说大话者，那些处事低调的人往往才是最值得尊敬的人。

……※……

6. 巧妙而适度地推荐自己

任何东西“有”才有用，“没有”就没用，才能也是这样。利从有出。所以我们要善做交换。

在求职过程中，你不仅应该是一个伟大的“制造商”，善于生产社会最需要的产品，而且还应该是一个伟大的“推销员”，善于使人认识和接受自己，把自己“推销”出去。

很多人由于传统观念根深蒂固的束缚，有一种极其矛盾的心理和难以名状的自我否定、自我折磨的“情结”。在自尊心与自卑感的冲撞下，他们一方面具有强烈的表现欲，另一方面又认为出“风头”是不合适的行为。但在竞争激烈的今天，想做大事业，就必须放弃那些不痛不痒的“面子”，更新观念，大胆地推荐自己。

常言道："勇猛的老鹰，通常都把它们尖利的爪牙露在外面。"巧妙而适度地推荐自己，是变消极等待为积极争取、加快自我实现的不可忽视的手段。

精明的生意人，想把自己的商品推销出去，总会先吸引顾客的注意，让他们知道商品的价值。人要想恰如其分地"推销"自己，就应当学会展示自己，最大限度地表现出自己的优势，给人生的每个阶段一个合理的定位，然后信心十足地为自己创造全方位展示自身才能的机会。

对于一个刚刚毕业的大学生来说，一定要学会"推销"自己。如果你和其他同期毕业生一样，只会散发履历表，墨守成规地做事，那么绝不会有什么出人意料的结果。如果你想短期内就有好消息，你就必须另辟蹊径，敢于推荐自己。其中，采用主动引起他人关注的方法就是一种捷径。

我们之所以要主动推荐自己，引起别人的关注，主要是因为机遇是珍贵的、可遇不可求的、稍纵即逝的。如果你能比同样条件的人更为主动一些，机遇就更容易被你抓住。因此，主动出击是"俘获"机遇的最佳策略。另外，世界上总是"伯乐"在明处，"千里马"在暗处，并且"千里马"多而"伯乐"少。"伯乐"再有眼力，他的精力、智慧和时间都是有限的，等待可能会耽误"千里马"的一生。

我们都知道"守株待兔"的行为是愚蠢的，那么我们就没有必要坐等"伯乐"的出现，而应该主动寻找"伯乐"。更值得注意的一点是，时代在前进，岁月不饶人，随着新人辈出，每个立志成才者都要考虑到自己所付出的时间成本。一次机遇的丧失，便可能导致几个月、几年甚至是一辈子年华的"错位"。明白了这个道理，我们就会有一种紧迫感，在行动上多几分主动，以便有更多的机会，使更多的人来注意自己。

但是，毛遂自荐对很多人来说并不是一件容易的事情，这需要一定的胆识和勇气。不自信、害怕失败的人是不敢尝试的，只有具备勇气的人才会获得成功。

世界歌王帕瓦罗蒂到中国来的时候，去北京中央音乐学院做访问。学生们都在争取机会，以求在这位歌王面前一展歌喉。要知道，这可是一个难得的机会，哪怕是得到歌王的一句肯定，也足以引起中外记者们的大力宣传，从而促进自己在音乐道路上的发展。

在学院的一间教室里，帕瓦罗蒂正耐心地听学生演唱，不置可否。正在沉闷之时，窗外有一男生引吭高歌，唱的正是名曲《今夜无人入睡》。听到窗外的歌声，帕瓦罗蒂的眉头舒展开了："这个学生的声音像我。"接着他又对校方陪同人员说："这个学生叫什么名字？我要见他，并收他做我的学生！"

这个在窗外唱歌的男生就是从陕北山区来的学生黑海涛。以他的资历和背景，很难有机会见到帕瓦罗蒂，他只能凭借歌声推荐自己。

后来，在帕瓦罗蒂的亲自安排下，黑海涛得以顺利出国深造。1998年，意大利举行世界声乐大赛，正在奥地利学习的黑海涛又写信给帕瓦罗蒂。于是，帕瓦罗蒂亲自给意大利总统写信，推荐他参加音乐大赛，黑海涛在那次大赛上获得了名次。

黑海涛凭着他那敢于推荐自己的勇气和不断努力的精神，在音乐道路上取得了非凡的成就，现在黑海涛已是奥地利皇家歌剧院的首席歌唱家。

这似乎是一个奇迹，但这个成功的例子足以让一些怀才不遇的人沉思：机遇稍纵即逝，善于推荐自己很关键。著名数学家华罗庚曾说过："下棋找高手，弄斧到班门。"我们要敢于在能人面前表现自己，敢于和高手"试比高"。

机会可遇不可求，机会在很多时候是由我们主动争取的，那些不敢也不愿意推荐自己的人，往往会与机会失之交臂。所以，如果你是一个真正有才华、有特长的人，关键的时候大可不必过分"压制"自己，要适时做好自我推荐，以求得发展的机遇。

7．认真倾听，适时插话

很多人喜欢侃侃而谈，并以此为荣。不错，在很多时候，这些人奔放的思想、精彩的言辞烘托了交际氛围，使大家其乐融融地在一起，彼此高兴、友善地交流、沟通。但对这些人来说，如此的举止或许能为自己赢来朋友，却得不到对自己有用的信息。

人的能力毕竟有限，肯定有许多东西是我们个人所无法了解的。通过倾听别人的谈话，我们往往可以获取许多有用的信息，并分享他们的知识和经验，为我们的思考提供帮助。

1951年，威尔逊带着母亲、妻子和5个孩子，开车到华盛顿旅行。他们一路所住的汽车旅馆，房间矮小，设施破烂不堪，有的甚至阴暗潮湿，又脏又乱。几天下来，威尔逊的母亲抱怨地说："这样的旅行度假，简直是花钱买罪受。"

善于思考问题的威尔逊听到母亲的抱怨，又通过这次旅行的亲身体验，得到了启发。他想：我为什么不能建一些便利汽车旅行者的旅馆呢？他经过反复琢磨，暗自给汽车旅馆起了一个名字，叫"假日酒店"。

想法虽好，但没有资金，这对威尔逊来说，是最大的难题。他想拉募股份，但别人没搞清楚假日酒店的模式，不敢入股。威尔逊没有退缩，心中只有一个念头，那就是必须想尽办法，先建造一家假日酒店，让有意入股者看到模式后，放心大胆地参与募股。拥有远见卓识、敢想敢干的威尔逊，冒着失败的风险，果断地将自己的房子和准备建旅馆的地皮作为抵押，向银行借了30万美元的贷款。1952年，也就是他旅行的第二年，他终于在美国田纳西州孟菲斯市夏日大街旁的一片土地上，建起了第一座假日酒店。5年以后，他将假日旅馆开到了国外。

倾听别人说话，是社交中必不可少的内容。能够耐心听别人说话的人，必定是一个富于思想的人。威尔逊就是一个有思想的人。他的成功，在很大程度上在于他能注意倾听别人的谈话。

我们在吸取他人有益的思想时，必须做的事就是像威尔逊那样，学会倾听，听他人说什么，并从他人的语言中提炼出有价值的信息。

我们的听觉不仅仅是一种感觉，它是由四种不同层面的感觉组成的：生理层、情绪层、智力层和心灵层。眼睛和耳朵是思维的助手，通过它们我们可以感觉到真正的意味。当它们“动作”协调时，我们就能够真正听到别人在说些什么，而不是草率地听。

做一个耐心的倾听者要注意以下六个规则：

规则一：对讲话的人表示称赞

这样做会营造良好的交往气氛。一般而言，对方听到你的称赞越多，就越能准确表达自己的思想。相反，如果你在听话中表现出消极态度，就会引起对方的警惕，对你产生不信任感。

规则二：全身注意倾听

你可以这样做：面向说话者，同他保持目光的亲密接触，同时配合标准的姿势和手势。无论你是坐着还是站着，都要与对方保持在对于双方都最适宜的距离上。人们大多只愿意与认真倾听、举止活泼的人交往，而不愿意与推一下才转一下的“石磨”打交道。

规则三：以相应的行动回答对方的问题

对方和你交谈的目的，往往是得到某种可感觉到的信息，或者迫使你做某件事情，或者使你改变观点，等等。这时，你采取适当的行动就是对对方最好的回答方式。

规则四：别逃避交谈的责任

作为一个倾听者，不管在什么情况下，如果你不明白对方说的话是什么意思，你就应该用各种方法使他知道这一点。比如，你可以向他提出问题，或者积极地表达出你听到了什么，或者让对方纠正你听错之处。如果你什么都不说，谁又能知道你是否听懂了？

规则五：对对方表示理解

这包括理解对方的语言和情感。有个工作人员这样说："谢天谢地，我终于把这些信件处理完了！"这就比他简单说一句"我把这些信件处理完了"多了一些情感。

规则六：要观察对方的表情

交谈很多时候是通过非语言方式进行的，那么，你就不仅要听对方的语言，而且要注意对方的表情。比如，看对方如何同你保持目光接触以及说话的语气、音调和语速等，同时还要注意对方站着或坐着时与你的距离，可以从中发现对方的言外之意。

在倾听对方说话的同时，还有几个方面需要努力避免：

第一，别提太多的问题

问题提得太多，容易造成对方思维混乱，说话时精力难以集中。

第二，别走神

有的人听别人说话时，习惯考虑与谈话无关的事情，对方的话其实一句也没有听进去，这样做不利于交往。

第三，别匆忙下结论

不少人喜欢对谈话的主题做出判断和评价，表示赞许或反对。这些判断和评价，容易让对方陷入"防御"，造成交际的障碍。

以下是五点令人满意的倾听态度：

①适时反问；

②及时点头；

③提出不清楚之处并加以确认；

④能听出说话者对自己的期望；

⑤辅助说话的人或加以补充说明。

一个人在倾听过程中如何插话，才能达到最佳的倾听效果呢？

根据不同对象可采取不同的方法：

(1) 当对方在同你谈某事，因担心你可能对此不感兴趣，显露出犹豫、为难的神情时，你可以趁机说一两句安慰的话。比如：

“你能谈谈那件事吗？我不十分了解。”

“请你继续说。”

“我对此也是十分有兴趣的。”

此时你的话是为了表明：我很愿意听你的诉说，不论你说得怎样，说的是什么。这样可以消除对方的犹豫，坚定对方倾诉的信心。

(2) 当对方由于心烦、愤怒等原因，在叙述中不能控制自己的感情时，你可用一两句话来疏导。比如：

“你一定感到很气愤。”

“你似乎有些心烦。”

“你心里很难受吗？”

说了这些话后，对方可能会发泄一番，或哭、或骂都不足为奇。因为，这些话的目的就是把对方心中郁结的一股异常情感“诱导”出来，当对方发泄一番后，会感到轻松，从而能够从容地完成对问题的叙述。

值得注意的是，说这些话时不要陷入盲目安慰的误区。不要对他人的话作出判断、评价，说一些诸如“你是对的”“他不是这样”一类的话。你的责任不过是顺应对方的情绪，为他架设一条“输导管”，而不是“火上浇油”，强化他的抑郁情绪。

(3) 当对方在叙述时急切地想让你理解他的谈话内容时，你可以用一两句话来“综述”对方话中的含意。比如：

“你是说……”

“你的意见是……”

“你想说的是这个意思吧……”

这样的综述既能及时地验证你对对方谈话内容的理解程度，加深印象，又能让对方感受到你的诚意，并帮助你随时纠正理解中的偏差。

以上三种倾听中的谈话方法都有一个共同的特点，即不对对方的谈话内容发表判断、评论，也不对对方的情感做出是与否的表示，并始终处于一种中立的态度上。切记，有时在非语言传递的信息中你可以流露出你的立场，但在语言中切不可流露，这是最重要的。如果你试图超越这个界限，就有陷入倾听误区的危险，从而使一场谈话失去方向和意义。

你想要从对方那里得到更多的东西，就必须做到一点：多听少说。谁说得越多，谁获得的东西就越少。

在沟通中，让对方说得越多，你了解对方真正意图的机会就越多。所谓“知彼知己，百战不殆”。当你掌握的对方情况，远比对方知道的你的情况还要多时，你自然就把握住了先机。

培根曾说：“打断别人、乱插嘴的人，甚至比发言者更令人讨厌。”打断别人的说话是一种无礼的行为。

有一个老板正与几个客户谈生意，谈得差不多的时候，老板的一位朋友来了。这位朋友一进来就说：“哇，我刚才在街上看了一个大热闹……”接着就说开了。老板示意他不要说，他却说得津津有味。客户见谈生意的话题被打乱，就对老板说：“你先和你的朋友谈吧，我们改天再来。”客户说完就走了。老板的这位朋友乱插话，搅了老板的一笔大生意，让老板很是恼火。

随便打断别人说话或中途插话，是失礼的行为，往往会在不经意间破坏了自己的人际关系。

每个人都会有情不自禁地想表达自己想法的愿望，但如果不去了解别人的感受，不分场合与时机，就去打断别人说话或抢接别人的话头，这样会扰乱别人的思路，引起对方的不快，甚至会产生误会。

要获得好“人缘”，要想让别人喜欢你、接纳你，就必须根除随便打断别人说话的陋习，在别人说话时不要随便插嘴，并做到：

①不要用不相关的话题打断别人说话；

②不要用无意义的评论打乱别人说话；

③不要抢着替别人说话；

④不要急于帮助别人讲完事情；

⑤不要为争论鸡毛蒜皮的事情而打断别人的话题。

人只有做到认真倾听、适时插话，沟通才会顺畅，自己也才会有很大的获益。

……
※

第六章

别美化不该美化的“吃亏”

※
……

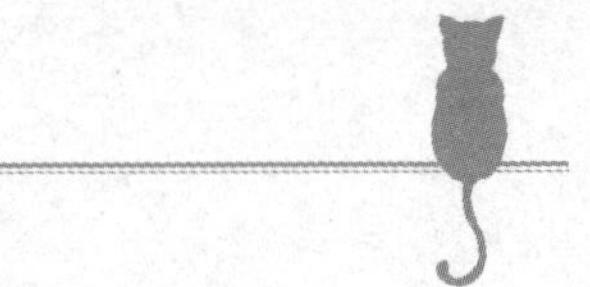

过于斤斤计较、“打着算盘占便宜”的人，往往会遭到别人的排挤和疏远。但是，过于老实的人也容易“吃亏”，这是不争的事实。所以，生活中，对太老实、“吃闷亏”、“吃哑巴亏”要有正确的认识，更不能用耍聪明、玩手段，让自己陷入尴尬的境地。

1. 游刃有余，不“吃哑巴亏”

中国的传统思想一直奉行的是——“吃亏是福”。人生中有很多事情都有着无奈的结局，于是有些人这句成语聊以自慰。但人们一般在别人或自己失败后才这样说，起到安慰的作用。而实际上，有些时候，美化挫折是对自己的某种开脱与逃避，明明吃的是“堑”，并且不停地吃，却忘记了长“智”，如果不能认真吸取教训，再多的“堑”，恐怕也是白吃。

一个人看不清自己，为了不切实际的想法破釜沉舟，也许这种精神让人感动、让人赞叹，但同时也会让人觉得他是“不长记性”，结果只会是竹篮子打水——一场空。

对待事要“吃一堑，长一智”，对待人也应该如此。

如果你曾经对一个人说过对方不爱听的话或是做过不“地道”的事情，那么，日后你再次面对这个人的时候，就不要说让对方觉得不舒服的话，也不要再做让对方反感的事了，这也是“吃一堑，长一智”！记住别人的喜与恶，绝对对自己有好处，可以让自己免遭冷落。每当我们吃“堑”的时候，一定要长记性！

但是，“亏”也不能乱吃。有的人为了息事宁人，去“吃亏”“吃暗亏”，结果只会是“哑巴吃黄连，有苦难言”。

曾国藩说过：“做人的道理，刚柔并用，不可偏废。太柔就会萎靡，太刚就会折断。”人行于世，不能锋芒毕露，但也不能软弱无力地任人宰割。

李杰是某公司的经理，一次，他遭遇了一件事。

李杰出差回来，从机场打车回到住所，车费150元，而在李杰的印象中以往的车费都是100元左右。这让他心生疑惑，但还是不动声色地拿了发票下车。回到房间，他就拨打了发票上出租车公司的投诉电话。

“说实话，我并没有抱太大的希望，一来我记不清当晚的路线，绕路与否仅凭发票和司机的证词似乎不好判断；二来那是家我从没听说过的出租车公司，司机没有说任何问候语甚至连再见都没说，我想这也许就是小公司的做派吧。”李杰这样表述他当时的心理。

并且，李杰已经做好心理准备，最多也不过是听对方理直气壮的搪塞。电话很快拨通了，出租车公司的一个工作人员记下了李杰的申诉和相关信息，表示7个工作日内给他一个满意的答复。

几天后，李杰接到一个电话，是那家出租车公司打来的。一个中年男子跟他说，已经找司机核实了情况，司机确实绕路了，多收了他50元，他们会把多收的钱退还给李杰，同时将对司机进行10倍的罚款。工作人员记下了李杰的地址，最后又向他表达了歉意。

在日常生活中，我们经常可以看到很多人虽然明知道权益被不法侵害，但只要无大碍，就能忍则忍，不愿为此劳神费力。可是，他们的息事宁人却常常使自己的利益受到无端损失。

事实上，属于自己的利益，我们就要主动去争取。凡事要养成主动争取自己利益的习惯。有些人总觉得自己处处被动、处处受人压制，殊不知，这种被动局面完全是由自己造成的。如果你事事主动，事事想在前面、干在前面，你就会从被动的局面中解脱出来。

要知道，生活中，只有我们自己才是自己命运的主宰。许多事不是我们默默等待，就会有好结果；有些利益必须自己去争取，只有这样，我们才有可能在关键时刻力挽狂澜、回天有力，也能使我们在日常生活、工作和人际交往中游刃有余，不“吃哑巴亏”。

高念是一家装饰公司的销售代表，一次接到一个客户的单子，这个客户是某大型楼盘的置业顾问。高念公司的装修报价已经很合理，但客户仍然嫌高，高念便在没有对客户说明的情况下，牺牲了自己的提成，以满足客户降低价格的要求。

高念认为客户看到价格降下来，一定会明白是自己个人让利，会感谢自己。高念的想法是目前“吃点亏”拉住这个客户，搞好关系以后，请客户在其工作的大型楼盘帮自己介绍几个装修订单，赚得更多。

高念的想法不错，但是因为客户根本不知道高念是牺牲了他的提成才给自己让利的，所以并不领高念的情，反而觉得，这家公司的报价有猫腻，竟然能砍下这么多价来。这使得客户开始怀疑他们的工程质量，于是在暗地里开始联系另外的装修公司。当高念打电话让其帮忙推荐客户的时候，那位客户便一再推脱。

虽然有“吃亏是福”一说，但哪些“亏”该吃，哪些“亏”不该吃，应该怎样吃，我们都要在心里有个底。在为人处世中，有的人知道有时“吃亏”的确会给自己带来好处，却不知道如何把握“吃亏”的尺度。

所以说，“吃亏”要吃得明明白白才值得。你“吃亏”时，至少要让对方明白，让对方意识到，你“吃亏”是为了帮助他。这样看起来他得益了，他才会心生感激；而你看起来“吃亏”了，其实是因为宽容，你的内心十分坦然。

2. 利益面前选择“独吞”，只会“自断后路”

一般而言，生意人都是“无利不起早”。但想把生意做好，想让别人愿意与你合作，你就必须照顾别人的利益。有钱大家赚，利益共享，才能赢得更多合作的机会。相反，如果你只顾一己之私，而无视对方的权益，结果只能是“一锤子买卖”“自断后路”。

周建人和卫平都是做生意的，周建人眼光好，卫平消息灵通，两人合作起来非常得心应手，他们在一起已经合作了一年多，从没做过赔钱的买卖。

有一次，卫平经朋友介绍，看好了一批积压的电子产品，这种东西他们以前做过，赚了不少钱。这时，卫平忽然在心里打起了“小算盘”：这种稳赚不赔的买卖，如果和周建人一起合作，大家只能一人赚一半，而自己就能拿下这批货，为什么不自己做呢？

于是，卫平没跟周建人透露半点消息，独自拿下了这桩生意，事后，也赚了不少钱。然而，不久后，周建人不知道从哪里得到了卫平“吃独食”的消息，对卫平的这种行为感到很失望。和这种有失信誉的人继续合作下去，他觉得恐怕自己还会“吃亏”，所以就逐渐疏远了卫平。而卫平由于自己的经验不足，一个人做这种风险极大的生意，总是赚得少赔得多，后来只好放弃。

李嘉诚曾说过：“如果一单生意只有自己赚，而对方一点不赚，这样的生意绝对不能干。”他在生意场上一直信守“利益均沾”的原则，每一次与人合作都会让对方也获得一定的利润。只要你懂得分享利益，每一次与你合作的人都能获得利益，他们自然还会希望继续与你合作，那么你就会有做不完的生意。

李嘉诚不仅对合作伙伴如此，对下属更是这样，当事业有发展的时候，他懂得让下属分享利益。也许有人会疑惑，在商言商，皆为利来，你把钱分给别人了，自己不就少了吗？其实不然，这里存在着一条商场“悖论”，也就是你把利益分享给别人，你的利润不但不会减少，反而会增加。其实道理很简单，对方获得了利益，合伙人有了好机会自然会先想到你，而员工也会更加卖力地为你工作，你赚的钱自然就越来越多。

做生意要有长远的眼光，不仅要分析事情会有什么样的发展趋势，还要研究应该采取什么样的方法去应对。当你做到这一点的时候，实际上就已经为自己的生存和发展留下了余地。

1987年11月27日，一块政府公地拍卖，因为地理位置良好，拥有极高的开发价值，房地产界的多数大亨都参加了这块地皮的拍卖，当天李嘉诚也出现在拍卖现场。

从一开始，拍卖的场面就异常火爆，火药味也特别浓。李嘉诚和一位竞标者连叫两口，底价连跳两次。后来李嘉诚发现商场上有名的“飞仔”胡应湘也加入了竞拍。

李嘉诚知道胡应湘的实力不菲，并且他们也合作过。当会场上的竞拍价格连抬十一档时，李嘉诚派得力助手周年茂与胡应湘商谈合作，并且达成了协议，胡应湘停止了竞拍。最后，李嘉诚以自己当时预计的最高价位拍下了这块地。

在拍卖会后，李嘉诚宣布：“这块地是我和胡应湘先生联合所得，将用以发展大型国际商业展览馆。”

虽然李嘉诚出价很高，而且他决定和胡应湘共享利益，但是李嘉诚在这次投资中还是获得了丰厚的利润。

李嘉诚之所以用利益共享的条件来请胡应湘停止竞价，是因为在竞投的时候做了长远的打算。如果胡应湘一直和他“叫板”，最后的价格肯定会超过他的底线。而分出一点好处给胡应湘，这不仅能帮助李嘉诚在控制的价格之内，将发展空间巨大的公地揽入怀中，而且他在与胡应湘分享利益的同时又在拍卖场上化敌为友，为自己将来的发展多留下了一条“后路”。

所以，有时候表面上看起来并不占优势的事情，对自己将来的发展却有着极大的帮助。懂得分一些利益给别人，是为人处世中必须重视的一点。

……※……

3．除了埋头工作外，还须经常抬头看看

很多年轻人学历优秀，能力出众，但他们天真地认为，自己不擅长交际，也没必要与人沟通，做好自己的工作就行了，说那么多话干什么，甚至将沟通与溜须拍马、阿谀奉承联系起来。身处职场，我们不可能不说话，没有人愿意和一个“闷葫芦”交往。即使你是个天才，你也得表现出

来，才能让人家知道你的才华。如果不想在公司里被人当成“透明人”，就不要默默地等着同事来关心你的工作，等着领导来关注你的才华。

职场上，除了埋头工作之外，你还得经常抬头看看，主动和同事及上司沟通，让大家知道你在干什么、干到什么程度了、有什么经验分享给大家。这样做不仅可以避免很多的无用功，而且可以达到事半功倍的效果。从某种程度上说，沟通能力决定了你日后的发展。

比如，聪明的员工在讲到自己的成绩时，不管孤军奋战的他为了完成这项工作付出了多少心血，他必然会对上司说这样的话：“在领导的指导下，在大家的帮助下……”这段话没有什么实际意义，谁也不会因为这两句话，就真的认为你的“功劳”和他们有关，但这是你对领导的尊重、对同事的看重，表现出了你的团队协作能力。听到这样的话，领导会放心地让你带团队，同事也会放心地加入你的团队。

再比如，领导交派了工作，沉默寡言的员工会回答一声“好的”，然后转身出门，而聪明的员工则会热情地回应：“我立刻去办。”这句话可能会让人觉得有奉承的嫌疑，但它的实际意义是：我对这项工作非常看重，我会立即行动起来。这能够使吩咐你去办事的领导觉得他无须再为此事忧心，因为你很快就会搞定。但是，如果你的回答只是淡淡一声“好的”，就好像你并没有把工作放在心上一样，那你的领导即使把事情交给你办，也会放心不下。

你如果只是埋头干活，而并不打算和人谈谈你干的活，时间一长，不管是领导还是同事，都会产生这样的疑问：你一声不吭的，谁也不知道你干了什么、能干什么，留在公司还有什么价值？你不主动出击，就只能被人忘记。所以，不要忘记与同事、与上司甚至与你的客户多谈谈你的工作，让他们知道你也是有想法、有能力的，时间长了，你在职场的形象就会大为改观。

很多人的哲学是崇尚低调，然而，在职场上，太过低调会对个人的发展形成障碍。野心其实也是一种自我鼓励的力量，对权利的向往也并不是坏事，要想在职场引起他人的注意，除了具备工作能力外，还要具有优秀的沟通能力，能够巧妙地展现自己的闪光点，勇于把握机会，让大家知道你的优势，并帮助你发挥你的优势。

小梅学历不高，找工作时费了不少功夫，后来进了一家私人企业从事库房整理工作，主要负责把公司的材料库、原料库、工模具库等管理好。每天来调换设备的人很多，工作繁杂，小梅工作得十分辛苦，工作很有成效，得到了公司很多人的表扬，但领导好像完全没有意识到小梅的重要性，连句表扬的话都没有。

过了几个月，公司为了提高运作效率，将财务处和库房合在一起办公，那样小梅不仅要管物料，还要管现金。资金会计把所有的事情都交给她来做。由于增加了不少工作量，她经常要加班，即使加班，有时还不一定能完成工作。小梅思来想去，觉得必须要找领导谈谈了，但是，她又有点担心：如果找领导谈，领导会不会认为自己挑剔工作，对自己印象不好呢？

经过一番思量，小梅还是去找了领导，她以请教的口气，先向领导汇报说自己刚取得了中级会计证书，完全可以胜任目前的工作，感谢领导给了自己这个工作的机会，并趁这个机会，向领导陈述了自己工作的难处，向他表示，如果能多给自己配备些人手的话，自己一定能把工作做得更好。

领导笑道："我还没有去找你呢，你倒找上我了。你的工作很出色，我们都是看在眼里的，本来打算给你再招两个人，还没来得及打广告，而且，还担心你愿意不愿意做这个工作呢。现在，既然你这么主动，看来你对工作还是很有积极性的嘛，那我就放心了，不如这两个人就由你来招吧。这可是在为你配备人手哦。"小梅知道，领导的意思是让她做部门主任，不由欣喜若狂。

在职场中，如果得不到上级主管的青睐，无论你有多么出色的能力，也很难被提拔。而你不愿意“走出去”，总是等着别人来找你，那很有可能会一直处在等待的状态。因此，只有通过沟通，才能使你的上司了解你的工作能力、应变能力与决策能力。

其实只要你有心，和上司沟通的机会是非常多的。每次沟通都是一个良好的机会，如当你们在电梯、餐厅偶遇时，你可以趁机向他汇报一下自己目前的状态如何、取得的进展和遇到的困难等，或者只是聊一些家常，夸奖一下他的孩子或者衣服品位，汇报一下自己目前正在进行的工作等。如果时间允许，再进一步详细说明工作过程。若这些机会都没有，也不要自怨自艾，机会是可以自己创造的，你可以在工作会议上，或者直接到上司办公室去找他谈谈，特别要使上司认识到，你的所作所为都是出于把工作做好的目的，是在为公司设身处地地着想。要明白，当上司在考虑管理层的人选时，对公司越有归属感和深入认知的员工，越有被提拔的机会。

…… ※ ……

4. 薪水是“挣来”的，但也是“谈出来”的

很多人都觉得，在职场中，自己有多大的能力、付出了多少努力是和拿到的薪酬成正比的。然而，也有很多人做事卖力气、肯吃苦，能力也不

差，却没有得到相应的报酬奖励。于是，这些人就越干越没信心，并且抱怨连连。他们从来没有想过，职场上，薪水是挣来的，但也是谈出来的。

周末，祝乾和大学同学张俊吃饭，提起了祝乾的同事小陈。小陈也曾与张俊共过事，关系还不错。张俊正打算跳到深圳一家公司，他以小陈为例子说起。当初小陈月薪不过3000元，可跳槽至现在的公司，试用期2000元，转正4500元，这可是小陈亲口告诉他的。

祝乾当时就傻了，虽然不便明说什么，可他知道，作为行业资深人士，小陈这个“半路出家”的人在资历和能力上虽然过得去，但显然都和自己有差距。当初自己几乎是老板当场拍板录用的，试用期工资不过仅仅1500元，转正之后3800元。而当初面对薪资问题，双方谈得比较含糊，祝乾只在求职简历上写“服从公司岗位薪资标准”。

这么填写，祝乾只觉得会比较“保险”，太出格的要求是刚入职的大忌；当老板看到业绩时，薪水自然会慢慢上浮。而小陈竟然一上来，就不按常理出牌。一起进来一年多，祝乾的能力和业绩有目共睹，渐渐独立挑起项目。而小陈属于“甘草合剂”——不温不火，完成得了任务，却也不太突出，总之是既让人提不起神，但也挑不出毛病。

知道真相的祝乾顿时心理失衡了，他自责“太老实”了，原来高薪不是仅凭埋头苦干就能获得的。

有些人觉得，只要自己努力工作，做出成绩，老板就会看在眼里，主动加薪。这样的老板或许有，但是遇到的概率并不大。除非你的表现实在太突出了，否则，你只能自己争取加薪。

然而，和老板谈加薪，说起来容易，却是每个职场白领最为头疼的事情。如果直截了当地和老板要求加薪，不仅老板不高兴，你也会尴尬。如果正好碰上老板心情不好，你提出加薪不但会遭到拒绝，就连你是否能继续待下去都是个未知数。所以，在与老板谈加薪的时候，我们不仅要把握谈话的内容，还要谈话的把握时机。

有一次，梁建洲去参加大学同学聚会。聚会上，大家聊起现在的生活和工作情况，窦骁说：“像梁建洲这样的人才，到深圳最起码要拿两倍于现在的工资。”他还说，他们公司现在正好急缺人才，如果梁建洲有意，他可以向自己的老板推荐一下。

听到这个消息，梁建洲的确心动了一下，可仔细想想，老板对自己也还算不错，很认可自己的能力；并且，在与同事的合作上也一直很愉快；再则，现在的工作发展空间还是很大的，难得的是专业对口；另外，进入一家新公司，天晓得要磨合到什么时候，加上举家搬迁，动静可就太大了，即使薪水翻番，性价比似乎也并不合适。

但是，想到自己的薪水，梁建洲还是有些不甘心。于是，他打算找个机会和老板谈谈。一次，梁建洲跟随老板出差，一天下午从客户处出来，老板带着他到酒店附近的一家咖啡馆，目的是找个安静的地方，商讨刚才洽谈的细节。正事谈完，时间尚早，话题不知不觉转向生活。

老板谈到大学时代到如今的境况，不免感叹人生奋斗不易，气氛难得地亲和起来。梁建洲就此提起，曾有家公司以两倍的薪水挖他，但他拒绝了。老板惊讶地问他为何不去。

梁建洲侃侃而谈，他说工作以来，他认为这家公司有让他感觉最融洽的团队，从老板到团队成员都配合默契，如果离开一个可贵的团队，个人也就几乎谈不上什么发展。况且老板是个有承担的人，即使他出现错误，老板也会包容和指正。更重要的是，他个人的职业规划和公司的发展规划是相关的，“跳槽”也并非他的初衷……

这是入职以来，梁建洲跟老板谈话最深也是最多的一次。听了梁建洲的一番话，老板大为感动，拍着梁建洲的肩膀连说“不错不错”。

“但是，让我想不开的是，低于行业标准的薪水无法很好地证实自我能力，同时心理也有些不平衡。我希望，您能考虑在原有的基础上加薪。”

接下来，梁建洲提了一个合适的薪资数目，同时谈起了下半年以及来年的工作目标。老板边听边点头，答应回去后好好考虑。

结果不难预料，一周后，财务部通知梁建洲加薪。

职场精英的标志之一就是职位高、薪水高。为自己谋求一份合理的薪水是每个职场人要面对的事。虽然和老板谈薪水有时候让不少人感到为难，但是既然认准了职场，要当职场中的精英，就应该对自己的薪水负责，要学会做一个职场加薪的“谈判”高手。

……※……

5.居功不自傲，更别去“抢功”

每个人都喜欢好的东西，越是好的东西，越舍不得让给别人，这是人之常情。因此，有些人看到对自己有利的东西时，贪婪的本性就暴露了出来。在竞争激烈的职场中，有些人喜欢把别人的功劳占为己有。这样的人，不去创造自己的业绩，而是偷偷地去占有别人的功劳，到最后只能是损人不利己。

不属于你的功劳，就不要去抢，抢别人的功劳不是成功的捷径。就算你抢了别人的功劳，别人并不知道，你也会因此而心里不踏实。而且，世上没有不透风的墙，一旦你抢别人功劳的事情被揭穿，你将会无颜见人，失去他人对你的尊重，可谓是得不偿失。

或许，眼前的利益的确很诱人，但是在你心底的欲望升起的时候，你也应该弄明白，这份利益是不是靠着你一个人打来的，该不该属于你。如果不是你的，最好尽早放弃。只有自己亲手创造的功劳才是自己的财富，别人的东西终归是别人的。

另外，不仅不要去抢夺别人的功劳，有时候，你还要同他人分享功劳。职场中没有他人的合作，你是不会如此顺利获得成功的。每个人成功的背后肯定会有很多人为之付出努力。如果一个人独享大家一起奋斗得来的成果，只会引起其他人的反感，从而为下次合作以及你的人际关系带来障碍。

李耽是一家出版社的编辑，他是一个很有才气的小伙子，对编辑有着自己独特而不俗的理解，因此很受大家欢迎，平时在单位里和上上下下关系都不错。前段时间他的一本书获得了一个创意奖，为此他很兴奋，并感到十分得意，逢人便提自己的努力与成就。同事们当然也向他祝贺。但一个多月过去了，李耽却发现单位里的同事，包括他的上司，似乎都在有意无意地与他"过不去"，并回避着他。

他把自己的苦恼向一个朋友说了，朋友在了解清楚他的情况以后，指出了原因。朋友认为李耽犯了"独享功劳"的错误。他得了创意奖，受到了领导的肯定和表扬，但问题是他并没有在现场感谢领导和同事们的协助。就事论事，这本图书之所以能得奖，编辑的贡献当然很大，但也离不开其他人，如同事和领导的努力。这自然让他的同事和领导有些耿耿于怀。

遗憾的是，李耽对朋友的分析不以为然，结果3个月后就因为待不下去而辞职了。

不可否认，自我表现是人类的天性，每个人都希望展现自己美好的一面。但前提是，你必须清楚地明白，你的美丽是在大家的衬托下才体现出来的。即便你真的很“美丽”，如果没有大家的祝福，你也不可能真正快乐。当你在工作上有特别表现而受到别人肯定时，千万要记住一点，别独享荣誉，否则这份荣誉将会给你的人际关系带来障碍。

职场中，凡是喜欢争功的人都不会受到同事的欢迎，也不会获得老板的欣赏，争功的结果只会使自己陷入孤立境地。因此，我们一定要做到感谢他人，与他人一起分享成功的喜悦，并且要懂得谦卑的重要意义。

在今天，无论你从事什么工作、处于什么环境，你都无法脱离其他人对你的支持，一个人完成所有的事情。所以，在各种各样的颁奖典礼上，我们总会听到人们说：“感谢我的老师，感谢我的朋友，感谢某某人……”

有些人觉得，听着这些“套话”都觉得虚假。可是，千万不要以为这些话是可有可无的“套话”，这种“口惠而实不至”的感谢虽然缺乏“实质”意义，但听到的人心里会觉得很愉快，利人利己。

因此，人一定不要居功自傲。尤其初涉职场的年轻人，要学会感谢他人的协助，不要认为所有的成绩都是自己一个人的功劳。要明白，无论你为某件事付出了多少努力，一定还有其他人的参与，这个功劳就不是你自己的，而是属于集体的，荣耀也是属于大家的。

其实，独占功劳，说白了就是要去和别人抢“生存空间”，因为你的抢夺会让别人变得“黯淡”，从而产生一种不安全感。而当你获得荣誉，试着去感谢他人、与人分享时，他人会认为自己的付出值得，心里也会觉得踏实。

一个人为人处世一定要以谦卑为先，不居功自傲、不独占功劳，这样你才能得到他人的尊重，你也才能得到更大的发展。

6. 宁可微笑着沉默，也别做“墙头草”左右摇摆

“墙头草”是一种随着风向来回倾倒的植物，后来人们用它来比喻那些没有主见立场、意志不够坚定、见风使舵、见异思迁、左右摇摆的人。生活中，这样的人不在少数。这样的人虽然在复杂的社会关系中能够讨好一部分人，但也常常因为这种性格而栽了“大跟头”。

孙灿是一位颇有文采的年轻人，刚到编辑部的时候，刘主任非常看重他，有意培养他，所以无论是出差，还是会见重要客户，都要带着他。孙灿也比较敬重和感激刘主任。他们的交情一直不错。

可是，在一次与客户的交涉中，刘主任在合同上出了一点疏漏，给公司带来了不小的损失。于是，公司领导决定不再让他担当重任，但念及他为公司多年操劳的份上，没有撤销他的职位，只是把一些重要的事情交给了比他年轻的易主管。因为刘主任的“失宠”，以前一些巴结他的人也逐渐远离了他，改去追捧那位易主管。

看到这种情形，为了让自己的事业更顺利地发展，孙灿也去接近那位易主管。这让刘主任感到非常心寒。

一年后，因为易主管年轻、浮躁，做事没有刘主任稳当，公司通过会议决定，把公司的重要事情还是交由刘主任来负责。但是，这时的孙灿已经和刘主任疏远了很多，如今再也没脸去主动接近刘主任，只好辞职了。

做“墙头草”，往往会损人害己。当你随着风向倒向一边的时候，被你背弃的那个人心里一定受到不小的创伤，一方面对你的做法感到失望，另一方面也对炎凉世态感到灰心。而你自己也好不到哪里去，试想，别人会喜欢你这样的“墙头草”吗？即便是有人喜欢，在心里也一定对你保留了一份戒备，你终究是得不到别人的信任的。

比如，我们有时会遇到这样的销售人员，他们在销售窗帘时向我们积极推广他们的新产品：

“这是新出的竹纤维窗帘，跟传统的窗帘相比更大方、更高贵……”

“我不喜欢那些乱七八糟的新品，只喜欢全棉的。”

“你说的没错，我也觉得还是以前那些传统的款式和质地好，这些新出来的产品吧，名字听上去好听，其实不中用……”

“太传统也不行，还是要有新的工艺和图案。”

“是的是的，窗帘嘛，要想让自己赏心悦目，还是要比较新鲜的，老对着旧款式人们都有审美疲劳了……”

作为顾客，你还会相信这位销售人员的话吗？这种人就是所谓的“墙头草”的典范，这样的人，也无法得到别人长久的信任。

当然，我们也可以理解那些为了推销产品而不惜说一些违心话的销售人员的处境。如果他们说出内心真实的想法，如“这么贵的浴巾都买，不宰你宰谁”，那生意还怎么做啊！

不说真话，其实也不必说假话。更聪明的做法或许是说些解释说明类的话，如什么叫“竹纤维”，某些工艺或者质地的优点和缺点之类。这样不但没有了做“墙头草”的嫌疑，反而会让客户更了解你的产品。

当然，这种“墙头草”的作风在职场屡见不鲜。比如，老板刚摆出一个方案，说得挺兴奋，叫大家发言。有人说：“这个方案挺好的，创意特别新……”老板插话说：“创意新未必有效果啊，没创意未必效果差啊。”这个人马上改口：“是这样的，听着挺好的，执行起来难度很大，而且效果未必好……”这种做法让人永远听不到异议，这种人没有自己的立场和主见，难以取信于别人。

其实，有不同意见，又怕说出来别人不高兴时，可以选择笑着沉默，或者找些有关联的事情来打破沉默。这样要比做一株“墙头草”，随着风向摇摆不定好得多。

…… ※ ……

7．先义后利者荣，先利后义者耻

我们处在一个共生的环境之中，人与人之间是一种相互依存、互为支撑的关系。这就要求我们“以助人为立身之本，以济世为快乐之源”。

几乎每个人都会在生活和工作中遇到“义”与“利”的矛盾，那么，怎样来处理这个问题呢？

“义”与“利”是相对应的一对关系：言义必及利，言利必及义；义需要利的承认和支持，利也需要义的认可与制约。义建立在利的基础之上又规范着利，利包容于义的范畴之内又升华着义。尽管古往今来，人们在“义”与“利”的相互关系上，存在着种种争论，但“贵义贱利”“义以为上”“先义后利”“先公利而后私利”等价值观，却早已成为人们广泛认同与普遍追求的重要价值观。

有一位成功的生意人，工作十分努力。虽然是白手起家，可是他凭借努力和不屈不挠，在10年时间里，创下了一份可观的家业。在一切看起来都比较完美时，他认识了一位新朋友。这位新朋友正做着一份看上去特别赚钱的生意，利润非常可观。在这位朋友的反复劝说下，这位生意人把自己毕生的心血投入进去了。半年以后，不仅血本无归，这位所谓的朋友也消失不见了。等到这位生意人再见到他的“朋友”时，已是隔着看守所的铁栏杆了，原来他的“朋友”竟是一个前科累累的诈骗犯！

这很说明问题：很多人花了半辈子时间，打下了一份“江山”，却往往因为接下来的几步路没有走好，而丢掉了来之不易的成功！讲“义”还是讲“利”，往往需要我们擦亮双眼，只有面对现实，才能做出最好的选择！

对于企业而言，“义”，就是“坦坦荡荡的胸怀，正正当当的行为”。具体而言，“坦坦荡荡的胸怀”就是要求我们心怀感恩、见贤思齐，时刻忠于企业、坚持原则，以企业利益为重；“正正当当的行为”就是要求我们树立利他意识与公利意识，能够识大体、顾大局、尽己本分。

趋利避害是人之本性。企业要求员工恪守“义”，并不排斥或否定员工对“利”的获得和追求。应当始终坚持“义利并举、以义致利、以义审利、以义制利”的义利统一原则，摒弃“唯利是图、背信弃义、见利忘义、利令智昏”等违背社会伦理道德与价值观的丑陋行为，坚决抵制种种不讲原则的牟私利等不义行为。临阵脱逃、推卸责任是不义；人在其位、不谋其政是不义；设关布卡、索拿卡要是不义；“江湖义气”、网开一面是不义；不顾大局、本位主义是不义；牺牲企业利益、换取个人私利是不义。如果我们贪图于一己私利或一己小利，就有可能给他人和集体的利益带来莫大的损害。

孟子说：“生，吾所欲也，义，亦吾所欲也，二者不可得兼，舍生而取义者也。”

数千年来，在中华大地上曾有无数的志士仁人，为了民族尊严与国家利益而不惜杀身成仁、舍生取义。无数事实证明：对“义”的崇尚与弘扬，是生意场上无往而不胜的重要精神指南。

徽商是商界的一个传奇，他们用自己的顽强和努力创造了生意史上一个又一个不朽的奇迹。在徽商的发展历史上，不乏在利益与道义之间做出抉择的商人，也有很多让人感动的事迹。

有一位徽商，原来是做药材生意的，生意十分兴隆，不久便自己开了药房，一边加工生产，一边卖药。店里最有名的是一味治疗风寒的药，这味药加工制作非常麻烦，但因为疗效好，很受欢迎。

有一天，这位商人出其不意地来到了自己的加工药房，却惊奇地发现，伙计们居然没有按照古方炮制草药，而是换了一种新的、速度更快的方法在炮制。这位商人极度生气，决定向社会公开这件事情，并把所有这样炮制的草药付之一炬。很多人都劝说这位商人，反正没有外人知道，又何必做得这么坚决呢？这位商人对劝他的人说，利润的确很重要，自己做生意就靠这个，但是义更加重要，这是为人的根本。

我们处在共生共存的环境中，一定要有“助人为乐，济世为怀”的觉悟。只有当企业的每名员工都自觉地树立“先义后利者荣，先利后义者耻”的思想与观念，企业才可能真正营造出“上善若水，厚德载物”的和谐环境，我们也才可能在立人的同时立己，在达人的同时达己，并在此基础上成就真正的人生事业与理想。

……
※

第七章

车到山前未必有路，该回头时就回头

※
……

做人踏实、善良、本分、待人诚恳、坚持原则本没有错，但是，有些人太“死脑筋”了，他们总是抱着所谓的“原则”，无论前方的路是否走得通，固执地非要坚持到底，结果撞到“南墙”，碰得头破血流。

1. 做人做事不要“一根筋”

有这么一则脑筋急转弯：“一个人要进屋子，但那扇门怎么拉也拉不开，为什么?”答案是那扇门是要推开的。

生活中，我们常常会犯这种“只知拉门进屋，不知推门进屋”的错误。其中的原因很简单，就是我们有时遇事只会“一根筋”，不会变通。有时候，周围的环境变了，我们却不知变通，还固执一端，“钻牛角尖”，认“死理”，结果就会闹出笑话来。

《吕氏春秋》里记载着这么一则故事：

楚国有一个人搭船过江，一不小心，身上的剑掉进了河里。同船的人都劝他下水去捞，但他却不慌不忙，从身上掏出一把小刀，在剑落水的船边刻了个记号。有人问：“这有什么用啊?”他回答说：“我的剑就是从这个地方掉下去的，我做个记号，等会儿船靠岸时，我就从这个刻记号的地方下水去把剑找回来。”船靠岸时，他就跳进河里去找剑，结果自然没有找到。

刻舟求剑，是一种刻板的、不知变通的思维方式。有时候我们就像那个刻舟求剑的人，环境已经变了，我们却还守在原来的地方，以为这样坚持就能找到那把“剑”。殊不知，这不过是自己愚蠢的固执罢了。

有一只美丽的鸟儿，生来就有一双健全有力而且美丽的双翅，但是自从出生以来，它每天只让双脚在有限的地面上跳跃行走，却从来不曾试着展开翅膀翱翔天际。

其他的鸟类同伴在天空上见到它这般光景，实在不忍心，纷纷飞降下来，劝它放弃这种跳跃的方式，去运用它的翅膀，那样可以飞得又快又高。

可是这只鸟儿却回答说："没有关系，我的双脚很有力，很会跳。"

其实，即使再强健有力的双脚，跳跃一整年也比不上同伴在天上飞翔一个小时所能越过的距离。

在我们的生活中，很多人常常犯和那只鸟儿一样的错误，喜欢和别人"唱反调"，固执己见，不肯接受别人的建议，不肯改变自以为是的想法，总以为自己比别人聪明。

人们常常抱有这样一种看法，认为自己在通往目标的路上虽然遇到了许多困难，但只要再坚持一下，成功就会到来。

这个看法并没有错，但问题在于，如果我们选择的道路本身就存在着一些难以克服的问题，这个时候就不应该再坚持下去，不要"一条道走到黑"。或许我们一直抱着这样一个观念：每个成功人士，几乎在开始的时候都遇到过困难，渡过了难关后，前面就是"康庄大道"。

然而，如果我们一开始就选择了错误的道路，遇到了困境，还一味死撑下去，我们可能很快就会陷入人生的困境之中。

生活中，我们应该学会变通，学会在山穷水尽的时候转换一下思路，转化一下心情，说不定就会"柳暗花明又一村"。变通能让我们少一些郁闷，多一些开心，少一些烦恼，多一些幸福。遇事不"钻牛角尖"，人也舒坦，心也舒坦。

俗话说："变则通，通则久。"只要我们学会变通，许多事情就能变不利为有利，变不可能为可能。

据说关于皮鞋的由来还有这样一个典故：

以前人们没有鞋子穿，走在路上，不得不忍受碎石硌脚的痛苦。在某一个国家，有一个仆人把国王的所有房间全铺上了牛皮，当国王踏在牛皮上时，感觉双脚非常舒服。

于是，国王下令在全国各地的马路上都铺上牛皮，好让国王走到哪里，都会感觉舒服。有一个大臣建议：不需要如此大费周折，只要用牛皮把国王的脚包起来，再拴上一条绳子就可以了。于是国王无论走到哪里，都感到双脚舒服了。

故事中的大臣是聪明的，他的变通，做到了舒服与节约两全其美。假如我们在工作、学习之余，能学会变通，随时调整自己的方向和步骤，便会产生事半功倍的效果。

实际上，促成人类社会进步的几乎一切科技发明，起因都是解决问题过程中的“另辟蹊径”，而不是“一条道走到黑”。比如，为了解决“怎么才能更快地收割小麦”的问题，如果我们仅限于传统的方法——把镰刀磨得更快，而不是想着去创造另外一种方法，就永远也发明不了联合收割机。

上一次解决问题的办法，这一次不一定适用。所以，我们要学会变通，找到其他的办法，积极解决问题。

在人生的道路上，我们常常会因为理想的光彩、曾经的美好而“昏了头”，以不屈不挠、百折不回的精神去坚持、去争取，结果却因为本来就错误的东西而输掉了自己的整个人生！

所以说，我们在处理问题上一定要学会适度地变通，不要把自己的固执、错误的坚持误以为是正确的执着。

2．车到山前未必有路，还须早早探路

“车到山前必有路，船到桥头自然直”，这是人们津津乐道的经验之谈，意在告慰一些身处逆境、绝境的人天无绝人之路，不要放弃，一切事情都会向好的方向转变。

而在现实生活中，多数信奉“车到山前必有路”的人常常抱有侥幸心理。他们痴迷于“山重水复疑无路，柳暗花明又一村”的遐想；他们忘情于峰回路转、“咸鱼翻身”的盲目乐观。于是，有些人明明知道自己走上了一条不容乐观的道路，却固执地不回头，等着绝处逢生。比如，穷途末路的歹徒会视法网于不顾，一意孤行，以身试法；输红了眼的赌徒会铤而走险，孤注一掷……因为他们相信“车到山前必有路”，而结果呢，迎接他们的往往是倾家荡产的悲剧、锒铛入狱的恶果。

其实，“车到山前”，即使有路也未必是“正路”，也可能是诱惑和陷阱。一味地相信“车到山前必有路”，会逐渐消磨我们的意志，麻木我们的心智，使我们萎靡不振，让我们陷于命运的多米诺骨牌中而一推即倒。

孙明是个实在人，做事也总是漫不经心。他上高二的时候，父母、亲戚都催他好好学习，说马上就要参加高考了，要上不了大学，以后的路就难走了。他却总是不急不躁地回一句：“不着急，车到山前必有路。”

孙明高考落榜以后，父母托人给他找了一份事业单位的工作。原本这是一份比较稳定的工作，可是很多单位开始承包给个人，不再像以前那

样，干不干活都可以“混饭”吃，下岗的人逐渐增多。

于是，父母又给孙明找了一个学习的机会。可他却一再推脱，还说：“虽然其他单位都私有化了，但是我们这里一切还没定呢。‘车到山前必有路’，到时候再说也不迟。”听了这话，父母就气不打一处来。

不久，孙明所在的单位就承包给了个人。孙明没有高学历，也没有一技之长，自然被列入下岗的名单中了。

人若一味地相信“车到山前必有路”，很可能使自己陷入“船到江心补漏迟”的困境。诚然，凡事都保持一种积极向上的心态是不错，但我们不能总是遇到困难时才“临时抱佛脚”，企图置之死地而后生。相信“车到山前未必有路”是教我们学会审时度势，而不是夜郎自大；是教我们做运筹帷幄的张良，而不是做大意失荆州的关羽。别把“车到山前必有路”当作生命中的一种必然，在生活中要多一分睿智、多一分从容。

“车到山前未必有路”是给我们的当头棒喝，它让我们知道我们是生活在现实中的人，而不是影视剧中那些逢山开路、遇水搭桥的英雄好汉。凡事“预则立，不预则废”。长久以来，我们如果总是遵照自己的习惯行事，总以自己的感觉、观点和经验来认知世界，而不能从事物的现状来观察其真本质，就会导致自负和盲目。

老子告诫我们“不自见故明”，即不目空一切才能洞悉事理。如果我们总是希望在自己最无助的时候出现奇迹，那就太天真了。

车到山前未必有路，意在告诫我们做人不要心存侥幸，尤其是在学习和工作中，不要临阵磨枪，而要踏踏实实，更要未雨绸缪。

人生是一次探险。在生活的道路上，我们会面临很多选择。“车到山前必有路”的思想可以作为一种激励自己的手段，但绝不能成为我们人生的信条；否则，一次疏漏，很可能让你后悔终生。

车到山前未必有路，所以我们应该早早探路，找最好的路走。不然，到了一座无路可走的山前，我们既浪费了时间，又耗费了精力。

3. 执着于无望的事情，最后只会一无所获

有些人执着于自己原本就无法实现的目标，还一副“语不惊人誓不休”的态度。殊不知，这样坚持下去，往往是目的没达成，还错过了另外的机会。烦恼皆因太执着，想要好好生活，就必须学会正确取舍！人生中的很多时候何尝不是如此呢？该妥协时不妥协，继续下去可能遭遇更可怕的后果；该放下时不放下，身心的负担只会越来越沉重。

一个人最理智的行为，莫过于看清时势，该放手时就放手，该妥协时就妥协！其实，放手和妥协并不是一件坏事。当我们掉进沼泽时，学会妥协能使我们及时地爬上岸来，远远地离开那块沼泽；当我们错过一班公交车的时候，学会妥协可使我们不再错过另外一班公交车……

有一位青年，他从小的理想是当作家。为此，他始终如一地努力着，十年如一日地坚持每天写一篇文章。并且，每写一篇，他都反复修改，精心地加工润色，然后，充满希望地寄往各地的报纸、杂志。遗憾的是，尽管他很用功，却从来没有一篇文章得以发表，甚至他连一封退稿信都没收到过，一切都如石沉大海。

30岁那年，他总算收到了一封退稿信。那是一位他多年来一直坚持投稿的刊物的好心编辑寄来的，信里写道：“看得出你是一个很努力的青年，但我不得不遗憾地告诉你，你的知识面过于狭窄，生活经历也显得过于苍白简单。但我从你多年的来稿中发现，你的钢笔字写得很好，而且越

来越出色……”

就是这封退稿信，使他猛然醒悟，从困境、困惑中走了出来，毅然决然地放弃写作，练起了钢笔字，果然长进很快。现在他已是有名的硬笔书法家，作品曾多次在省内外报刊上发表。就这样，他放弃坚持了10年的理想，转了一个弯，终于柳暗花明，走向了成功。

后来，有记者采访这位青年的时候，他说：“一个人要想成功，理想、勇气、毅力固然重要，但更重要的是，在人生之路上要懂得舍弃，更要懂得转弯，不能头撞南墙不回头!”

人们常说，没有金刚钻，就别揽瓷器活；什么虫钻什么木。发挥自己的长处，避免自己的短处，找准自己的定位和坐标，这是一个人走向成功的首要条件。

而对于那些根本就做不了，或是达不到的事情，对于那些永远都不可能实现的目标，无论是事业还是感情，都应该尽早地放弃，不要死缠烂打，以免“一条道走到黑”，最后却深陷在失败和痛苦中！

有个男孩喜欢上了一个女孩。他们在同一个公司的同一个部门工作，男孩每天默默地看着女孩，匿名给她写信、打电话、发短信……却不敢向女孩表白自己的感情。

男孩把自己当成了一个“隐形人”。直到有一天，男孩从别处得知女孩早已有了爱人。这真是让人心碎的消息。男孩痛苦不堪，看到自己的爱情已土崩瓦解，他是如此的不甘心，开始疯了一般地打电话给女孩，发给她一些不知所云但言辞激烈的信息。

尽管女孩不知道做这一切的人是谁，但是对这样不断的骚扰感到极度困扰，电话里不再对男孩以礼相待，她开始用冷漠来回应男孩。

就这样过去了好几年。男孩发现自己几年来，始终在关注着女孩，女孩穿什么颜色的衣服、梳什么发型，他都知道。所有的一切好像都没有改变过，唯一不同的是，现在的他是令女孩讨厌、避之唯恐不及的人。自己执着的爱情并没有给任何人带来好处，反而给自己平添了诸多烦恼。

生活中，我们对于事业、前途、爱情、生活目标等人生大事，执着地去追求，当然无可非议。但是当我们对某些事情过于执着时，往往就会演变成固执。

很多事情并不像你所期待的那样，当你为了自己的想法而一味地去追求的时候，往往最后受伤害的人就是你自己。所以，你要记住，生活不要太执着，有些明知道无法做到的事情就应尽早放弃；否则，太过执迷不悟，往往是伤了自己，也伤了别人。

我们知道生命有限，应该好好把握。成功需要执着，但也不能太执着，过于执着，就是固执。因为过于执着，会丧失许多机会，也会失去很多。没有放弃，就没有得到，放下那个“无法达到的目标”，你会发现生活很美，世界很大，值得你付出的还有很多很多。

今天，如果你正在坚守一份不切实际的“执着”，那么就请放下吧，明智的放弃胜过盲目的执着，及早地调整自己，你会发现成功正在前方向你招手！

4. 拆掉思维里的那堵“墙”

数学家华罗庚讲过这样一个故事：

如果我们去摸一个袋子，第一次我们从中摸出一个红玻璃球，第二次、第三次、第四次、第五次我们还是摸出了红玻璃球，于是我们会想，这个袋子里装的全是红玻璃球。

可是当我们继续摸到第六次时，摸出了一个白玻璃球，那么我们会认为这个袋子里装的是玻璃球罢了。可是如果我们继续摸，又摸出了一个小木球，我们又会想，这里面装的是一些球吧。可是如果我们再继续摸下去……

我们在一个有限的范围内接触了一定的、类似的概念后往往会形成一种思维定式，并且在一定的范围内似乎它也是没错的。

很多人走不出思维定式，所以他们在人生的道路上总是遭遇障碍；而一旦走出了思维定式，也许就可以看到许多别样的人生风景，甚至创造出新的奇迹。

在日本东部有一个风光旖旎的小岛——鹿儿岛，因气候温和、鸟语花香，每年都吸引了大批来自各地的观光客。有一个名叫阿德森的人在日本经商已有多年，第一次登上鹿儿岛之后，他便喜欢上了这里，于是决定放弃过去的生意，在此地建一个豪华气派的鹿儿岛度假村。

一年后，度假村落成。由于度假村地处一片没有树木的山坡，一些投宿的观光客总觉得有些许扫兴，于是建议阿德森尽快在山坡上种一些树，改善度假村的环境。阿德森觉得这个建议好是好，但工钱昂贵，又雇不到工人，因而这个建议迟迟没有实现。

但是，阿德森是个聪明人。他脑子一转，立即想出了一个妙招。他迅速在自家度假村门口及鹿儿岛各主要路口的巨型广告牌上打出一则这样的广告：各位亲爱的游客，您想在鹿儿岛留下永久的纪念吗？如果想，那么请来鹿儿岛度假村的山坡上栽上一棵“旅行纪念树”或“新婚纪念树”吧！并且，阿德森想得很细：游客栽一棵树，鹿儿岛度假村收取300日元的树苗费，并给每棵树配一块木牌，由游客亲自在上面刻上自己的名字，以示纪念。这是很有吸引力的，到此一游的人谁不想留个纪念？

于是，各地游客都纷纷慕名而来。一时间，鹿儿岛度假村变得游客盈门，热闹非凡。

一年下来，鹿儿岛度假村除食宿费收入外还收取了“绿色栽树费”1000多万日元，扣除树苗成本费400多万日元，阿德森还赚了近600万日元。几年以后，随着幼树成材，原先的秃山坡披上了绿衣。

在现实生活中，一个人的思维方式往往决定了他成功与否。一个人如果总是以一种固定的模式思考，往往只能步别人的后尘。人只有变换思路，才能事事为先。比如，莱特兄弟受飞鸟启发，造出了飞机，成了人们都为之兴叹的传奇；牛顿从苹果落地悟出了万有引力，他的名字便留芳万世……换个角度、换个思路，也许我们面前就是一番新的天地。

有位拳师，熟读拳法，与人谈论拳术时滔滔不绝。拳师与人对战，也确实战无不胜，可就是打不过自己的老婆。拳师的老婆是一位不知拳法为何物的家庭妇女，但每每打起来，总能将拳师打得抱头鼠窜。有人问拳师："您的功夫都到哪儿去了？"拳师恨恨地道："她每次与我打架，总不按路数进招，害得我的拳法都没有派上用场！"拳师虽然精通拳术，战无不胜，可碰到不按套路进攻的老婆时却一筹莫展。

"熟读拳法"是好事，但"拳法"是死的，如果盲目运用书本知识，一切从书本出发，以书本为纲，脱离实际，这种由书本知识形成的思维定式反而会使人遭到失败。

"知识就是力量"，但如果是"死读书"，只限于从书上的观点和立场出发去观察问题，不仅不能给人以力量，反而会抹杀人的创新能力。

所以，在我们工作或者学习知识的同时，应保持思维的灵活性，注重学习基本原理，同时要和实际相结合，而不是一味地死记一些规则，这样才能学以致用。

在人生的旅途中，我们如果总是经年累月地按照一种既定的模式前行，就容易产生消极乏味的感觉；面对问题换个位置、换个角度、换个思路，认识对象，研究问题，多角度、多方位、多层次、多学科、多手段地考虑，而不是只限于一个方面、一个答案，也许我们面前就会是一番新的天地。人只有不断地突破思维定式，超越自我，人生才会更精彩。

5．随机应变，行不通时就“换招”

当我们在大海上驾驶着轮船向着目的地航行时，忽遇暴风雨，你是冒着可能翻船的危险顶着风浪继续向前呢，还是暂时改变航向，避开危险？面临这样的选择，也许所有的航海者都会采取后一种方式，毕竟无谓的牺牲是毫无意义的。

其实，我们在工作和学习中，也常常遇到这样的事情。当我们面对一个比较棘手的问题，难以坚持的时候，不妨在原有的行事基础上稍作改变，或许就能够拨开云层，看到另外的一番景象了。

在19世纪中叶，一则美国加州发现金矿的消息引起了风靡一时的“淘金热”，无数的淘金者从天南地北蜂拥而至。一时间“淘金”成了最热门的话题。

在众多的淘金者中，有一位17岁的小农民，历尽了千辛万苦，也来到了淘金大潮中，他的名字叫亚默尔。此时的加州，遍地都是淘金者，金子自然越来越难淘。来这里的淘金者大多是生活艰难的人，事前准备不充分，而且由于当地的气候异常干燥，所以出现了水源奇缺的现象。很多淘金者不但没有淘到金子，圆自己的致富梦，甚至搭上了自己的性命。

亚默尔也和大多数人一样，并没有挖掘到黄金，反而被饥渴折磨着。有一天，当亚默尔盯着水袋中一点点舍不得喝的水，耳边听着其他淘金者对缺水的抱怨时，他突发奇想：既然自己没有挖到金子，为什么还要再继续努力下去呢？毕竟淘金的希望太渺茫了，为什么自己不去卖水呢？

想到了这里，亚默尔立刻行动了起来，他毅然放弃了寻找金矿，而是将自己手中挖金矿的工具换成了挖水渠的工具，将远方河水引入水池后，再过滤，成为清凉可口的饮用水，然后挑到山谷里，一壶一壶地卖给找金矿的人。

有很多人嘲笑亚默尔，说他胸无大志，费尽千辛万苦来到加州，不努力地挖金子，却干起了这种蝇头小利的小买卖；这种生意哪儿都能干，何必跑到这种地方来干呢？但亚默尔不为所动，继续卖他的水。因为就算是那些嘲笑自己的人，到最后也得来买自己的水。最主要的是，哪里有这样的好买卖，能够把几乎无成本的水卖出去呢？更何况这里的市场相比于其他地方对水的需求更大。

当风靡一时的淘金热冷却下来后，大多数淘金者都空手而归，亚默尔却通过自己独特的视角在短时间内通过卖水赚到了6000美元。要知道，6000美元在当时可不是一笔小数目，完全可以说是一笔可观的财富。

有句话说：此路不通，另辟蹊径。这不但是行路的好方法，在我们的日常生活中也非常实用。所谓另辟蹊径，就是换个思路想问题。具体的方法有很多，比如，转换问题的类型、转移问题的视角、转换问题的焦点，或者借助解决其他问题的办法来解决目前的问题，等等。

当我们航行在人生的大海上，碰到波涛、漩涡，甚至是台风、巨浪时，如果我们拒绝掉转船头，认为迎着风浪前行才是勇敢者的行为，认为勇气、刚毅、坚强才是人性高贵的唯一证明，那么我们很可能会付出船毁人亡的巨大代价。这个时候，掉转船头，绕开漩涡，另辟蹊径，并不意味着懦弱和放弃，而恰恰是走了一条更容易达到目标的捷径。

有一次，陈默在体育馆与哥哥进行乒乓球比赛。双方互不相让，打得不相上下。当比分为10:10时，两个人都又累又紧张，空气仿佛都凝固了。

这时，陈默灵机一动，有了一个想法。因为哥哥个子较高，下防比较困难，如果他从下方攻击，改变方向，哥哥就很难接球。就这样，陈默改变了战术，来了一个擦网球。哥哥真如他所料，没能接住球，因此败给了他。

现实生活中，不论处理任何事情，都要灵活应变。此招不行，就赶快换招，否则，即使你用尽了力气，恐怕也难以达到目的。

…… ※ ……

6．有志气地吃“回头草”

人们常说“好马不吃回头草”。“好马不吃回头草”表露出的是一种一往无前的勇气和志气，不过，从另一个角度来看，这个说法颇有点“一条巷子走到黑”的意味，有一种盲目无知的勇气！为了“面子”上光彩不肯回头的马，往往会错过真正的“好草”，甚至饿死。

在现实生活中，因为不肯放下“面子”吃“回头草”，而让自己失去机会的大有人在。比如，有些人被老板“炒了鱿鱼”，一个星期后，老板发现误会了他，又打电话让他回去，这个时候，很多人会一口拒绝，从而错过了在公司继续发展的机会；还有些人和恋人发生了矛盾，对方提出分手，等到对方意识到自己错了，要求重归于好的时候，他却坚决地拒绝了，认为“好马不吃回头草”……

然而，如果这“草”原本吃起来就不爽口，那也就罢了；可若这草的确鲜嫩肥美，那“回头”又有什么不好的呢？

刘哲义虽然大学读的不是师范类专业，但毕业后进了一所学校教英语。在前辈的指点下，再加上自己的努力，他取得了很好的业绩，连续几年被评为优秀教师，在当地也小有名气。然而，为了谋求更多的自我发展，两年后，刘哲义辞职，离开了学校。

在外面风风雨雨闯荡了三年，刘哲义始终觉得没有教书得心应手，也曾考虑过“吃回头草”，回到学校安安稳稳地教书，但又觉得“面子”上过不去。

家人和朋友却一致鼓励刘哲义，说他的才能在学校一定能发挥得非常好，尤其是以前还干得那么优秀，轻车熟路，更没有干不好的理由。

这么多年来，刘哲义和很多学生一直保持着联系，有些学生在遇到困难的事情时还是习惯找刘哲义来参谋，这种信任让他无法不感动。有些学生家长经常打电话问候他，也使他感到非常欣慰。虽然三年没有上讲台了，但三年的各种经验是一笔财富，用在教书育人上会有更独到之处。

于是，刘哲义终于下决心再次走进学校，经过了严格的考试和试讲最终被聘用。在教学的过程中，他和新老教师相处得很融洽。他带的初一班级在参加新生军训时，在最后的汇报表演中获得了第一名，给学校领导和老师留下了很好的印象。在教学和管理上，他也获得了各科老师的好评。

并不是勇往直前才有更多、更大的机会，很多时候，“回头”往往也包含着新的机会、新的开始和新的面貌。可惜的是，很多人在面临该不该"回头"的问题的时候，都把"意气"当成"志气"。

衡量一匹马是否好的标准并不是看它是否吃"回头草"，而是看它到底有多强壮，相同条件下可以行走多长的距离。同样的道理，判断一个人成功与否的标志不是他是否"重操旧业"或者回到以前的工作单位和部门，而是看他是不是敢做别人不敢做的，能否寻找机会并把握住机会，并最终获得成功。

有人做过一项调查发现，40%离职的人认为，即便原公司希望他回去，他也肯定不会回去了，主要原因就是觉得回去了丢人、脸上"挂不住"。

如果使你犹豫不决的唯一原因是"面子"问题，那么大可不必。你应该问一下自己，究竟是"面子"重要还是前途重要，是"面子"重要还是一辈子的幸福重要。就算当初的选择是个失误，也谈不上是什么原则性的大错。俗话说，"浪子回头金不换"，那些勇于"回头"的"浪子"往往会比从前更加努力地工作，并且更加珍惜这个失而复得的机会。

"好马不吃回头草"，听似响亮、痛快，似乎很有"志气"，其实在有些情况下是不足取的，因为这样会让人缺乏回旋的空间，自己把路堵死了，从而导致很多的失意和悲剧。所以，人要学会有志气地吃"回头草"，只要"回头草"够好。

7. 改变规则，也是一种“规则”

“没有规矩，不成方圆”，这句名言告诉我们规矩的重要性；可是人如果过于刻板，认为规矩只能遵守而不能改变，那就大错特错了。很多人不仅缺少改变规则的勇气和胆量，更缺少改变的意识，最后做出让人啼笑皆非的事情来。

郑国有一个人，看着自己脚上的鞋子从鞋帮到鞋底都已破旧，于是准备到集市上去买一双新鞋。在去集市之前，他先用一根绳子量好了自己脚的长短尺寸，随手将绳子放在座位上，起身就出门了。

来到集市，刚要买鞋子，他才发现，他量好尺寸的那根绳子忘记带了，于是放下鞋子赶紧回家去取。他急急忙忙地返回家中，拿了量过尺寸的绳子再赶到集市，集市上的小贩都收了摊，他之前去的那家鞋铺也打烊了。他鞋没买成，低头瞧瞧自己脚上，原先那双鞋的窟窿更大了。他十分沮丧。

有几个人围过来，知道情况后问他：“买鞋时为什么不用你的脚去穿一下，试试鞋的大小呢？”他回答说：“那可不成，量的尺码才可靠，我的脚是不可靠的。”

这个郑国人只相信“规则”，却不相信自己的脚，不仅闹出了大笑话，而且鞋子也没有买到。在现实生活中，买鞋子只相信脚码而不相信脚的事也许不会发生，但类似的人倒是有不少。有的人说话、办事、想问题，只从规则出发，不从实际出发；规矩是怎么定的他就怎么去做。在这种人看来，规则是不可改变的，只有规则才是真理。这样的人，思想太过僵化，为人处世自然也会常常“碰壁”。

现今社会，可以说是瞬息万变的，人如果墨守成规，迟早要被淘汰。只有那些懂得变通、敢于打破规则的人，才会有意想不到的收获。

20世纪80年代初，苹果电脑公司抛弃传统的“电脑一定是体积庞大的、难于操作的”观点，率先推出最早的个人电脑苹果I、苹果II和麦金托什电脑；约一个世纪前，福特汽车公司生产出世界上第一辆不需要花费大量钱财就能买得起的汽车；几乎同时期，柯达生产出第一台易于使用的相机，给肖像画行业带来了巨大的威胁；随后，宝丽来研制出一种相机，无须冲洗就能出照片；飞利浦发明了用电子录像带来捕捉图像的方法，无须胶卷和相纸；联邦快递找到了美国任意两点之间的最短距离——每次均取道田纳西州的孟菲斯，隔夜就可以送达包裹……

萧伯纳曾说过：“理性的人让自己适应社会，非理性的人总是坚持让社会适应自己，所以所有的进步都得靠这些非理性的人。”

或许，是因为我们接受的教育太过传统，或者，是安于现状的心态让我们失去了开发创新的心理，于是在做某些事的时候，大多数人会按既定规则行事，循规蹈矩……但有些人却不。要知道，很多情况下只有绕开规则行事，跳开传统的条条框框，我们才能另辟蹊径达成目标。

很多年前，在美国一座城市郊区有一块荒地，这块荒地的地产老板一直感叹这块地皮卖不出好的价钱。一天，他突然灵机一动，想出一个点子。他跑到当地政府，说：“我想把这块土地无偿送给政府建一所大学。”但他同时提出的条件是，学校附近的商业、文化娱乐等设施应由他来建设和经营，当地政府自然表示同意。

不久，一所颇具规模的大学便矗立在这块荒凉的土地上了。有大学就有学生，有学生就有消费。地产老板随之在学校附近兴建了饭店、商场、娱乐设施等，并且全部由自己来经营。生意自然十分红火，很快地皮的损失就从商业收入中赚了回来，而且盈利颇丰。

古往今来，凡是有所成就、叱咤风云的人，都敢于打破旧规则，创立新规则。因为，没有一个规则是能通古今的，也没有一种教化是长盛不衰的。由此说来，改变规则也是一种规则。

无论如何，规则是掌握在我们自己手里的。虽然规则是约定俗成的，但并不是没有别的方法和方式。如果不知道改变，只一味地遵守规则，是注定要落在别人后面的。当然，规则也是有存在的意义的，如果超出了允许的范围，是肯定会受到惩罚的。人只有学会变通，而不是主观地臆断，才能走上真正的成功之路。

…… ※ ……

8．“删除”那些无谓的忙碌

现代社会，竞争日益激烈，生活节奏越来越快，但很多人却活得很压抑，失去了很多的私人空间。

我们每天都被工作日程表牢牢地禁锢住，那上面满满地记载着我们每天必做的事，而它们也霸占了我们生活的重心。当我们稍微有时间放松一下时，影视剧、电脑游戏、娱乐中心等又将我们“淹没”。我们通过这看似忙碌的假象，来掩盖自己害怕无聊寂寞的事实，这往往使得我们丧失了独立思考的时间，也让我们无法再享受到清闲。

爱琳·詹姆丝曾经是美国倡导简单生活的专家。作为一个作家、一个投资人和一个地产投资顾问，在努力奋斗了十几年后，有一天，她坐在自己的办公桌前，呆呆地望着写满密密麻麻事宜的日程安排表。突然，她意识到自己对这张令人发疯的日程表再也无法忍受下去了。自己的生活已经变得太复杂了，用这么多乱七八糟的东西来塞满自己的每一分钟，这简直就是一种愚蠢的生活。就在这时，她做了一个决定：她要摒弃那些无谓的忙碌，多给自己的心灵一点时间。

于是，爱琳·詹姆丝着手列出一个清单，把需要从她的生活中删除的事情都罗列出来。然后，她采取了一系列“大胆”的行动。她取消了所有电话预约；停止了预订的杂志，并把堆积在桌子上的所有读过、没有读过的杂志全部处理掉；注销了一些信用卡，以减少每个月收到的账单函件；通过改变日常生活和工作习惯，她的房间和庭院的草坪变得更加整洁大方了。她的清单总共包括80多项内容。

爱琳·詹姆丝说：“我们的生活已经变得太复杂了。在我们这个世界的历史进程中，从来没有像我们今天这个时代拥有如此多的东西。这些年来，我们一直被诱导着，使得我们误认为我们能够拥有一切东西，我们已经让自己厌倦了对新产品的尝试。许多人认为，所有这些东西让我们沉溺其中并且心烦意乱，因为它们已经使我们失去了创造力。

“因为受习惯的生活方式的影响，你每天有多少活动是不得不勉强去做的？追求舒适的习惯和烦琐的例行公事是否让你的日常生活落入浪费时间、浪费精力的陷阱？其实减少那些程式化的活动，你并不会因此减少快乐的机会。

“习惯驱使我们去做所有这些日常琐事。我们总是担心如果不去做，就会失去某些东西。其实，也许我们的确会失去什么东西，但是这其实没什么太大的影响，我们还是好好地活着。还不仅仅是活着，而是活得更潇洒了，因为我们再也用不着试图去做所有的事情。看看那些在人类的艺术领域、音乐领域、科学领域做出过卓越贡献的人，如毕加索、莫扎特、爱因斯坦等，这些人都生活在极为简单的生活之中。他们全神贯注于自己的主要领域，挖掘内在的创造源泉，因此收获了丰富精彩的人生。”

人生“负重”有时候是因为我们额外地增加了一些不必要的工作，表面上看起来，我们是有所追求，是积极向上，但是仔细分析之后就会发现，我们陷入了为忙碌而忙碌的“怪圈”之中。为了不承担懒惰、消极的“恶名”，或者为了一些可有可无的消费享受，我们把自己支使得团团转，这实在是一种错误的心态。

如果你仔细分析一下，就会发现总有些东西需要放下。摒弃那些多余的东西，不要让自己迷失方向。不要在无谓的忙碌上浪费大量的时间和精力，而这些时间和精力本来应该用于我们真正应该去做的事情上。

闲暇之余，你不妨拿出一张纸来，列一个表，把自制的娱乐方式和娱乐项目列出来。想想野炊或野营，做点手工艺，锻炼一下身体或种点花草，或者读书、画画、写文章……都挺有趣的。虽然这些娱乐活动很简单，但它们会让你感到无比的开心。

当面对工作的负荷再也无力“应战”的时候，当遇到烦心事思绪混乱的时候，不妨给自己一个独立的安静的环境，可以去公园逛逛，欣赏姹紫嫣红……这时你会突然发现：天是那么蓝，云也分外白，这个世界真的好美，而这时你就会拥有一份好心情了！

放弃一些无谓的忙碌，时常给自己的心灵“放个假”，不但会使你疲惫的神经得到适时的放松，也会使你乏味平淡的生活得到调剂和点缀。

……

※

第八章

尊重你的天赋，别让“善良”埋没它

※

……

尊重你的天赋，在这个基础上努力才会有成果。你的人生规划，也应该把你的天赋计算在内。只有这样，你的努力才会有回报。

1. 适合别人的不见得就适合你

正如哲学家莱布尼茨所说：“世上没有两片完全相同的树叶。”人也一样，不管人与人如何相似与相近，但本质上都是完全不同的。因而谁也不可能让别人取代自己，别人眼里的幸福不一定就是你的幸福，适合别人的生活方式也不一定就是最适合你的。

有的人认为拥有很多钱，让自己躺在金钱的“怀抱”里尽情享受，什么也不做，便是一种幸福；有的人认为拥有很多可自由支配的时间，便是一种幸福；年轻人认为能在喜爱的事业上拼搏出一番惊人的成就，便是一种幸福；老年人认为能与自己的儿女生活在一起，安享晚年，便是一种幸福；还有人认为能永远与自己心爱的人在一起，便是一种幸福……

在现实中，无论是在择业，还是在创业的过程中，我们都需要了解自己的爱好和特长，并充分利用它们。这就如同一个射手要想取得10环的好成绩，不仅要具备良好的枪法，也必须有好的准星一样，只有二者结合起来，才能使子弹准确无误地射向靶心，一枪中的。

20世纪30年代美国经济大衰退的时候，里根在伊利诺伊州一个公众游泳池做救生员。他经济拮据，毫无方向感，一事无成，不知所措。

有一天，当地的一位名人爱斯杜拿到公众游泳池游泳，与里根闲谈起来，这位先生一向是以乐观自信著称的。

“经济衰退的情况不会是永恒的。有志向上的年轻人应该懂得把握好这个时机，在这段时间学习创业的窍门；当经济开始复苏，机会的大门便会打开，而这些懂得把握时机的年轻人便会成为国家未来的主人翁。”爱斯杜拿对里根说。

里根那个时候最关注的是一个月后是否会失业，根本就没有兴趣去聆听这些“过分乐观”的话语。

“年轻人，你想在未来的数十年做些什么工作？”爱斯杜拿没有在意里根那无奈的表情，继续追问。

“先生……我没有想过。”年轻的里根惭愧地说。

“没有想过现在就要好好地想一想了。”这位善良的长者丝毫不肯放松。里根本来想告诉爱斯杜拿他的志愿是当演员，但他没有这个胆子。于是，他说：“我希望做一个电台的体育评述员。”爱斯杜拿接下来的一番话，对里根的一生有着决定性的影响。

“你要相信自己——只要你肯做，你就会做到。每个人都可以有美好的将来——只要他肯敲门、肯尝试、肯努力！”

就是因为这句话，伊利诺伊州的洛厄尔公园少了一个救生员，而美国多了一位伟大的总统——由穷救生员到三流演员到加州州长再到美国总统，里根最终实现了人生的跨越。

日本著名学者本村久一在他的《早期教育与天才》一书中说道：“天才人物指的是有毅力的人、勤奋的人、入迷的人和忘我的人。但是，千万不要忘记：毅力、勤奋、入迷和忘我的出发点实际上在于兴趣。人有了强烈的兴趣自然会入迷，入了迷自然会勤奋、有毅力，最终达到忘我。因此，我特别想说的是，天才就是强烈兴趣和顽强入迷。”的确，一个人无论是干什么工作或从事什么职业，只要有了兴趣，就能发挥出自己的思维力、想象力和创造力。所以，我们在认识自我时，首先要了解自己的兴趣所在，这对于我们挖掘自己的“金矿”有着至关重要的意义。

当然，有时候，兴趣并不能代表一切，一个人的“发光点”不是简单的爱好所能决定的，要真正认识自己，还必须了解自己的性格，因为性格对于一个人的发展影响深远。某些特定性格的人比较适合于从事某些特定的工作，而某些特定的工作也需要一定性格特征的人来从事。例如，一般来说，以理智去衡量一切并支配其行动的人，比较适合于从事某项理论研究工作；而那些情绪波动较大、情感色彩较为浓重的人，就不大适合于从事理论研究工作。又比如，交往性的工作或管理工作比较适合于性格活泼开朗、喜欢交际的人去从事；难度较大的工作适合精力旺盛、直率热情的人去从事；等等。当然，性格对人生坐标的影响也并不是绝对的，我们往往还需要结合自身的智力水平，包括社交能力、抽象思维能力和实际操作能力等，来综合考虑自己的发展方向。

我们每天都与生活的质量进行着“拼杀”，无论你承认与否都是如此。生活有时是很无奈的，当你对生活感到乏味时，就会不快乐。所以，把握自己的生命态度，让自己有限的生命尽量过得充实快乐，以提高自己的生活的质量，这才是最为实际的。无论你爱好什么，只要自己觉得快乐就是好的。

总而言之，适合别人的不见得就适合你，你眼中别人的幸福或许于对方而言正是一种苦难也未可知。而你拥有的或许正是别人羡慕的，虽然可能暂时困难重重，但毕竟是暂时的，只要你目标明确并为之努力，幸福或许就在不远的地方向你招手。找到最适合自己的生活方式，活出自己的精彩，哪怕再苦再累你也会觉得很甜。

2. 对自己负责，不要人云亦云

“走自己的路，让别人去说吧！”我们对这句话都并不陌生。可是，我们在生活中是否信奉它、实践它呢？

著名的喜剧大师卓别林刚踏入影坛时，演技还很生涩，很多电影导演都建议他去模仿当时德国的一位著名演员。他们认为如果卓别林可以学到那位演员的五成功力，在演艺圈立足就已经绰绰有余了。但是，卓别林不愿意接受这些意见。他生性好强，觉得自己深具演员的天赋，只要多加磨炼，一定可以闯出一番名堂。

卓别林对那些导演说，如果刻意去模仿别人，那自己就失去了演戏的乐趣，少了乐趣，又怎么能激励自己进步？因此，卓别林决定开创自己的表演风格，他不盲目做别人已经做过的事，而是努力从生活的各个角落取材，然后以夸张的肢体动作、扭曲的面部表情创造出喜剧感。更难得的是，卓别林把许多复杂的小动作结合在一起，使这些动作首尾相连，一气呵成，并从中衍生出无穷的喜剧感，深受观众的喜爱。

卓别林始终坚持自己的想法，而不去模仿别人的表演。

一个人如果只是模仿别人，就算做得再好，也不过是别人的“影子”，不但没有自我，也无法创造出一块属于自己的“金字招牌”。所以，只有走在最前面的人，才是最有机会成功的人。

并不是追随别人的脚步，就可以采撷到相同的果实，因为沿途最好的果实很可能早就已经被别人捷足先登了。跟在别人后面走，你即使一时成功了，也不过是在追随别人的“影子”。

每个人的条件不同、能力不同，那么就应该掌握自己的方向，开创自己的道路。这条路也许很狭窄，没有其他大路来得宽阔平坦，沿路也没有丰盈鲜美的花果，只有满途的坎坷与荆棘，但只要坚持下去，这就是一条完全属于你自己的路。

贝多芬学拉小提琴时，技术并不高明，他宁可拉自己作的曲子，也不肯作技巧上的改善，他的老师说他绝不是个当作曲家的料。

提出“进化论”的达尔文当年决定放弃行医时，遭到父亲严厉的斥责：“你放着正经事不干，整天只管打猎、捉耗子。”达尔文在自传上透露：“小时候，所有的老师和长辈都认为我资质平庸，与聪明是沾不上边的。”

如果他们不是“走自己的路”，而是被别人的评论所左右，怎么能取得举世瞩目的成就呢？

追求一种充实有益的生活，其本质并不是竞争性的，也不是把夺取第一看得高于一切，它只是个人对自我发展、自我完善和美好幸福生活的追求。真正成功的人生，不在于成就的大小，而在于你是否选择自己做主，不盲从别人，努力地去实现自我，喊出属于自己的声音，走出属于自己的道路。

爱默生曾经说过：“不要让自己的头脑成为别人思想的跑马场。”贫穷并不可怕，可怕的是做事没有主见，盲从他人，而把自己心里最宝贵的东西给放弃了。记住，盲从等于放弃了选择权，把自己交给别人摆布。

每个人对自己负责是非常有必要的，人云亦云只能说明自己没有主见。

3. 不做成长中的怯懦者

每个人对成长都有自己独特的诠释，是磨难、是挑战、是幸福……但有一点永远不会变：成长是成败交替的结合体，是得失兼容的五味瓶。人想要不断成长，并经由成长步向成功，就必须先读懂失败、不幸、挫折和痛苦。

独步人生，我们会遇到种种困难，甚至于举步维艰，甚至于悲观失望。征途茫茫，有时看不到一丝星光；长路漫漫，有时走得并不潇洒浪漫。这个时候，我们只要拥有一颗勇敢无畏的心，就能面对生活，克服困难。

许多初涉职场的人内心有无限憧憬，也有雄心壮志，感觉经济上可以独立了，终于可以摆脱对父母的依赖了，终于有话语权了，可以实现自己的价值了……在心中描绘出一片美好未来。但工作不久，才发现现实和自己想象的很不一样。正如人们常说的那样："理想很丰满，现实却很骨感"。结果，自信心备受打击，总是觉得生活得很不舒服，不能全心全意投入工作，在生活中封闭自己，不愿意与外界多交流……

这种想法其实是在逃避生活中的不如意，是一种懦弱的行为。任何人都要经历走上社会、逐步成熟的过程。各个方面、各个行业都存在着竞争。我们要学会勇敢，要学会在勇敢中找到自我，这是我们立足于生活必须要完成的一门人生功课。勇敢的人会提醒自己：年轻的时光是用来积累知识和阅历的，既然在这个岗位上，就要珍惜这个学习机会，才能学到在学校学不到的职场技能。

每个人在一生中都会遇到许多麻烦，在面对困难和挫折的时候，胆小懦弱的人往往没有坚强的意志去克服困难和挫折；勇敢坚强的人则能够做到持之以恒，凭借自己坚强的意志战胜困难和挫折，从而取得成功。

勇敢是人类的美德。在勇敢者面前，一切困难都会迎刃而解；在懦弱者面前，哪怕只是一个小小的困难，也会筑起一座坚不可摧的堡垒。

懦弱者的生命也许很长，可他的一生只会寂寞无声；勇敢者的生命也许很短，但他像春天里的一声雷，必将震撼整个大地。

懦弱的人只会想要去生活，但是从来没有真正地生活过；想要去爱，去获取一份温情，却从来没有真正地去爱过。因为懦弱的人都有一种基本的恐惧，那就是对未知的恐惧。懦弱的人总是把自己保护在已知的安全地带，那是他们最熟悉的世界。而勇敢的灵魂才可能拥有多姿多彩、充满激情的快乐和幸福。因为，勇敢的人懂得去面对现实，进而去征服现实。

勇气，是一种美德，是一种心灵的挑战，拥有它，你将产生一种特别的气质。

如果敢于去冒别人不敢冒的险，生活就会愈加充实。因为，灵魂唯有经历过巨大的冒险，才能生产出多彩的、丰富的人生。

从前，有三兄弟，他们很想知道自己未来的命运，于是一起去向智者求教。听了他们的来意后，智者问道：“据说在遥远的天竺国的大国寺里，有一颗价值连城的夜明珠，假如让你们去取，你们会怎么做呢？”大哥说：“我生性淡泊，在我眼里，夜明珠不过是一颗普通的珠子，我不会前往。”二弟拍着胸脯说：“不管有多大的艰难险阻，我一定会把夜明珠取回来。”三弟则愁眉苦脸地说：“去天竺路途遥远，险象环生，恐怕还没取到夜明珠，我就没命了。”听完他们的回答，智者微笑着说：“你们的命运已经很清楚了。大哥生性淡泊，不求名利，将来自然难以荣华富贵，但在淡泊之中也会得到许多人的帮助与照顾；二弟性格坚定果断，意志刚强，不怕困难，可能会前途无量，终成大器；三弟性格优柔懦弱，凡事犹豫不决，命中注定难成大事。”

是勇敢还是懦弱，每个人都有不同的个性，也就注定每个人会有不同的收获和结局。如果你不愿逃避生活的考验，就请做一个勇于面对生活的人吧！这样，你的人生才更值得回味！

大作曲家贝多芬一生非常凄凉。他小时候由于家庭贫困没能上学，17岁时患了伤寒和天花之后，肺病、关节炎、黄热病、结膜炎等病痛又接踵而至。26岁那年，他还不幸失去了听觉。在爱情上他也并非一帆风顺，而是屡遭挫折。

在这种境遇下，贝多芬发誓“要扼住命运的咽喉”，勇敢地与命运顽强抗争，坦然面对现实生活中所有的坎坷，一步一步向前走。贝多芬的勇敢、努力、坚持并没有白费，最后他终于成为著名的作曲家，赢得了全世界人们的赞赏！

勇敢锤炼着我们直面人生的胆量，勇敢驱使着我们下定决心向困难迈出第一步，勇敢点燃了我们的激情，促使我们向前奋进！

4. 做好规划，找准一条要走的路

在生活中，有些人经常会遇到这样的情况：好不容易到了节假日，很想放松一下自己，于是，匆忙打点行装，要到某个著名的景点去。但当自己背起行装要走出家门时，才发现自己对那个景点根本就一无所知，甚至该怎么合理安排这次愉快的行程都不太清楚……

这样的情况并不罕见，这就如许多初入社会的人，想做一番事业，却对自己的未来没有一丁点儿的打算，也没有方向和目标。如果继续这样下去，这些人的人生就会变得越来越盲目。

在遇到困难时，不同的人会有截然不同的态度。有些人面对困难，“明知山有虎，偏向虎山行”，他们会想方设法排除困难，坚持走下去；还有些人，在遇到困难时，会做出“识时务者为俊杰”的举措，他们面对困难，会非常聪明地绕道或者改变路线。

不难看出，那些坚持走自己的路的人，大多对自己的人生有过规划，知道自己想要什么样的人生；而那些绕道或者轻易改变路线的人，对自己的人生或者事业，没有一个完整的计划，抱着走一步看一步的想法。

那些坚持不懈的人，必定是将来的成功者，而那些轻易就改弦更张的人，其一生大多是懒懒散散、碌碌无为。两种态度决定了两种人生，当然，这样的人生是他们自己为自己“设计”的。

一个人对人生或者事业，没有充分的准备和打算，不知道自己想要什么，该怎样走，是一个致命的错误。因为人没有目标和打算，就找不准自己的路。心中无路却想要成功，无疑是痴人说梦。

所以，有计划地给自己的人生做一个规划，找准一条要走的路，是减少你在人生路上少走弯路、直通成功的必要条件。因为有了人生规划，有了目的地，你做事就会有条不紊、井然有序。因为目的性非常强，你就不会让自己左右顾盼，而是专心致志地奔着目标而去，有了这样的行动，成功自然就指日可待了。

当然，想要找准自己的路，还得有选择性。别以为自己精力充沛，可以同时兼顾许多。当你面前横着好几条路，你觉得这几条路都适合走的时候，先别急着走，因为如果不用心选择一条路的话，你很有可能是在白白浪费自己的精力，是在做无用功。

有些人看似勤奋刻苦，每天忙忙碌碌，不肯浪费一丁点儿的时间，好像手上永远有做不完的事。但命运似乎总不“眷顾”他们，他们的付出，都没有得到相应的回报。

人们常说：“不怕千招会，就怕一招精。”目标太多，想抓到更多，势必会分散你的时间和精力，你看似在辛苦忙碌，但到头来只会是一无所获。倒是那些目标专一、心无杂念的人，走得轻松而投入，也能很快到达自己的目的地，获得成功。

看看那些有大作为的人，他们哪一个不是一门心思钻研自己唯一的目标，然后成为各行各业的精英的？

在朋友眼中，小杰一直是以多才多艺而闻名的。他毕业于美术学院，绘画功夫很好；他还会写小说，拿过本市的小说比赛大奖；他的诗歌是每次朋友们聚会时必需的朗读作品……每每听到别人夸自己多才，小杰就暗自洋洋得意，对朋友们夸口说，自己要成为本市最有名的青年艺术家！一个朋友很真诚地劝他说：“多才多艺当然是好事，但你现在面临的不是自己无事可做，而是想做的事太多了，你应该筛选一下，选择一项你最拿手的，攻下去。别以为你在各方面都是天才，哪一行都不想丢的话，你不但会分心，也势必会分散更多的精力。毕竟咱们都不再年轻了，抓紧创业才是主要的……”

小杰对朋友的话置若罔闻，他总觉得自己是天才，自己会把每一行都做得相当好。五年过去了，当大家再聚在一起的时候，小杰的头发已经白了许多，而他所热衷的多种事业，依然停留在原地，没进步多少。和他一起毕业的好几个同学，却都办了个人画展。第一次，小杰非常郁闷地说：“原以为自己可以做好一切，没想到太贪了，结果什么也没做成，真该好好给自己定位一下，确定一下目标。”

小杰的错误就在于，虽然眼前同时有几条都可以到达成功的路，但他却没有找出一条离成功最近的路。一项事业，用十分努力去对待，和用十分努力去对待十项事业，是有天壤之别的。把一颗心分成十份，去做十件事，当然没有把十分的努力放在一项目标上“给力”。

人生没有回头路。所以，在起步之初，就要给自己找准路。别太奢侈，也别贪心。若没有一个合理的人生规划，你就是付出再多的努力，也只是挥霍着自己的大把光阴而已。

找准路、找对路，会让你在成功的路上事半功倍。

5. 低调实干是基础

职场中常有这样的情况：当上级要提升某人时，除了要考核他的业绩外，人品也会纳入考核之列。而在考核人品时，许多人往往拿到“这人很老实”，或者“这名员工很务实”，或者“低调务实”等评语。能得到这样的评语当然不是坏事，于是很多人因此患上一种浅微的“心理影响病”。在他们看来，低调成了检验一个人人品的唯一佐证，默默不语成了好品行的代名词，而低调也就顺势成了成功的另一条捷径。

低调当然不是坏事，但太过低调，却有把自己往“泥坑”里推的嫌疑。

一粒金子，如果低调到甘愿一辈子被深深埋在地下，那么它这一辈子就会真的无法见到天日而白白浪费；一个女孩买了一件非常漂亮时尚的裙子，但她却低调到只敢在自己的镜子前穿，那么，她穿上这件衣服时的漂亮和妩媚就永远不会被人欣赏到。

低调不是坏事，但有时却不值得提倡，尤其是职场新人，更应该把握好这个度。刚入职场，太过低调的话，不但会埋没自己的才华，说不定还会把自己的前途给葬送掉。

一朵开在角落里的花，它只有散发出诱人的芳香，才能吸引人们前来欣赏；当树上的果子成熟时，它只有通过发出诱人的光泽，才能让人们把它们摘到手上。而对于职场新人，处境有时就如角落里的鲜花、悬崖上的果实，你的才华得让人知道，才能得到别人的欣赏，从而得到自己想要的。

从前，人们欣赏老黄牛，觉得它埋头苦干、不计报酬的精神是学习的楷模。但到了竞争日益激烈的今天，人们却普遍发现，“老黄牛精神”已经不太适用了。现代职场，是职场也是交际场，不但需要实干精神，同时也需要具备各方面的才华，并适时地展现自己，让大家都看到自己的闪光点。否则，成功就很可能擦肩而过。

太过低调不是优点，而是缺乏情商的表现。初入职场，低调可以，虚心也应该，但同时，得适时高调，把自己最美的一面展现给别人。不要以为老板会有耐心去发现“千里马”，现在的人才太多了，如果都坐等“伯乐”，那只会让机会白白溜走。对于老板来说，一个机灵、懂得“推销”自己而又实干的人，总比一个光顾埋头工作的人强得多。

所以，人想要成功，就得会“包装”、识“时务”，该出手时无须客气，让别人看到自己的努力，同时也让他们领略自己的风采，双面夹击，从而取得成功。

有一次，一位朋友讲了这样一个梦：他非常努力地向着一个高度攀登，突然天降鸿运，一架通往高处的天梯横在了他面前。他只需跨上这天梯，就能顺利到达他想要到的任何地方。

但这时，他却迟疑起来，左右摇摆着不敢跨上那天梯。第一是他觉得这好事来得太突然，他不太敢相信自己的运气；第二是他看到有许多人和他攀登在同一条路上，而这些攀登者们都是和他非常要好的朋友。他开始迟疑，要不要推一把前面的人，或者拉一把后面的人……就在他迟疑的瞬间，那条天梯没有了。于是，他只得又陷入之前的忙碌和焦躁中。

这种情况，其实生活中非常多见。我们经常会听到有人抱怨说：呀，真后悔，忘了那个时候如何如何……百般责备自己，在关键时刻，自己竟然没有把握好，而白白错过了良机。

有许多人，在机遇来临之时，缺乏必要的心理准备，或者因为胆怯，而眼睁睁放跑了不可多得的成功机会，造成终身遗憾。

那些该出手却不出手，让自己贻误良机的人，往小了说，是不自信，往大了说，就是缺乏判断事物发展的根本能力。

某电视台曾举行了一次娱乐晚会，晚会特别邀请了当地几位名流上台表演助兴。节目表演到最后，是要把一件非常贵重的纪念品送给其中一位表演出色的人。但那晚的表演让主持人非常为难，因为几个人都表演得相当好，观众评分完全相等。主持人拿着奖品站在那儿，左右为难，因为她看到几个表演者都眼巴巴地盯着她手上这个价值不菲的纪念品，他们都想得到它。

就在主持人为难的时候，其中一个表演者大方地走出队列，一下拥抱住主持人说："我真的十分喜欢这个纪念品，可不可以送给我啊？""下台阶"的机会突然从天而降，主持人当然非常高兴，就顺势把手中的奖品递到了这位勇敢的表演者手里。其他几位表演者，脸上都露出后悔的神色。

这位勇敢的表演者真是位聪明人，她懂得在最适当的时候出手，得到了自己想得到的东西。

想必在那次节目结束之后，其他几位表演者都会在心里对自己说："真可惜，我为什么要迟疑那一下呢，为什么不赶快上去呢……"

但机会只有一次，在你迟疑的时候，就已经永远失去了这一次的机会。

在人的漫漫一生中，成功的机会并不是每天都有，也不是你这次失去了机会，还可以从其他地方得到弥补。有些机会一旦失去，你有可能今生都与成功无缘。所以，想要得到自己希望抓在手里的东西，一定要明白，机会不多得，该出手时就出手，要采取把握成功的有力行动。

6. “跟对人”，才能做对事

没有人能够在职场独善其身，因为你在任何一个地方工作都要融入一个群体。和什么样的人在一起，就会确立什么样的人生：和勤奋的人在一起，你就不会懒惰；和积极的人在一起，你就不会消沉；与智者同行，你就会不同凡响；与高人为伍，你就能登上巅峰；和有本事的人共事，你才有更快升职的可能。

有个年轻人请教一位德高望重的智者：“我怎样才能成功呢？”智者告诉他，有三个秘诀：第一个是帮成功者做事；第二个是与成功者共事；第三个是请成功者为你做事。

很显然，对大多数人来说，这三个秘诀里最容易实现的还是第一个——帮成功者做事。跟对人往往是成功的第一步。

在美国乡下住着一个老头，他有三个儿子。大儿子、二儿子都在城里工作，小儿子和他一起在农场工作。突然有一天，一个人找到老头，对他说：“尊敬的老人家，我想把你的小儿子带到城里去工作，行不行？”老头说：“不行，绝对不行，我可就这一个儿子在家陪我了！”

这个人说：“如果我在城里给你的儿子找个对象，可以吗？”

老头摇摇头：“不行！”

这个人又说："如果我给你儿子找的对象，也就是你未来的儿媳妇是洛克菲勒的女儿呢？"

老头想了想，儿子能当上洛克菲勒的女婿？攀上这门亲事，那可真是太棒了。于是，他同意了。

过了几天，这个人找到了石油大王洛克菲勒，对他说："尊敬的洛克菲勒先生，我想给你的女儿找个对象，可以吗？"

洛克菲勒说："对不起，我没有时间考虑这件事情。"

这个人又说："如果我给你女儿找的对象，也就是你未来的女婿是世界银行的副总裁，可以吗？"

洛克菲勒想了想，被女儿嫁给世界银行的副总裁这件事打动了。

又过了几天，这个人找到了世界银行总裁，对他说："尊敬的总裁先生，你应该马上任命一个副总裁！"

总裁先生说："不可能，这里这么多副总裁，我为什么还要任命一个副总裁呢，而且必须马上？"

这个人说："如果你任命的这个副总裁是洛克菲勒的女婿呢？"

总裁先生马上同意任命一个副总裁，因为他是洛克菲勒的女婿。

这个故事很有意思，尽管只是杜撰的，却是一个"借力使力"的好例子。首先"这个人"借助洛克菲勒的女儿，从而让老人同意他带走老人的儿子；接着，"这个人"又借助"世界银行副总裁"，促使洛克菲勒同意将女儿嫁给老人的儿子；最后，"这个人"又借助洛克菲勒，说服世界银行总裁任命老人的儿子为副总裁，最后圆满地达到了预定的目标。由此看来，借力使力，可以让一件事情出其不意、轻松圆满地得到解决。

什么是借力使力呢？简单地讲，就是借助别人的力量，来实现自己的目标、目的。

通过外部借力的重要性在于：第一，可以让你在经验与技能的提高上得到许多指点。第二，你可以站在"巨人的肩膀"上获得更多的机会，有他们的指点，可以使你避免陷入误区。第三，作为资深人士，他们对你的意见与看法，往往能影响到你在组织中的命运。那么，新人要如何借力，并顺利与这些专业人士建立有效的沟通，取得他们的信任呢？

雅芳护肤品公司CEO钟彬娴，是《时代》杂志评选出来的全球最有影响力的25位商界领袖中唯一的华人女性。在许多人心中，她就是个奇迹。

刚出校门时，钟彬娴一无背景，二无后台，应聘到鲁明岱百货公司做她喜欢的营销工作。

在那里，钟彬娴结识了职业生涯中的第一位“贵人”——鲁明岱百货公司历史上的第一位女性副总裁法斯。在法斯的提拔下，钟彬娴27岁就进入了公司的最高管理层。后来，她和法斯一起跳槽到玛格林公司，不久就升到了副总裁的位置。钟彬娴觉得自己的发展空间有限，于是又去了雅芳公司。在那里，钟彬娴遇到了她的第二位“贵人”——雅芳公司的CEO普雷斯。由于普雷斯的欣赏和举荐，加上她个人的努力，钟彬娴最终坐上了雅芳公司CEO的位置。

这充分说明：如果你本身有能力，那么，跟对人就能做对事，你的前程就会少很多弯路，你就能很快达到别人一辈子可能都达不到的巅峰。

只要你有机会与巨人站在一起，你真的就成功了一半。但是，前提是你必须要有独到的眼界和胸怀，要能炼出跟对人的“火眼金睛”。

有以下几点需要注意：

(1) 敢于博弈，练就慧眼很重要。

(2) “贵人”可能是身居高位的人，也可能是让你钦佩崇敬的人，多是成功人士。这些人往往具有雄才大略，见识异于常人，不骄不傲，不急不躁，做人处世自有风格。他们胸怀大志，眼界开阔，不计较一时的得失；善于学习，善于交往，乐于助人，厚待下属；不管在什么环境下，都能自然地影响和控制群体的行为。

(3) 你和跟对的人的关系应该是良师益友，或“伯乐”与“千里马”的关系，而不是利用与被利用的关系。

此外，你还要不断地加强“修炼”。使自己强大的方式有两种：一种是增加自身的知识、能力、金钱、权力等；另一种是增加自己的朋友，特别是增加那些有知识、有能力、有金钱、有权力的朋友。前者通过自身力量的增长使自己强大，后者通过借用周围人的力量使自己强大。

其实，生活中是不缺“贵人”的，他们可能就是你的朋友、同事或仅仅是萍水相逢的人。所谓“朋友多了路好走”，善待你周围的人，或许改变你一生的“贵人”，就是你身边偶然遇见的那个人！

……

※

第九章

天性善良，不等于爱到卑微

※

……

爱，是需要距离的，恋人之间不可能时刻都亲密无间。也许，有时候，你越好，对方越是不珍惜你的好。并非爱情不需要善良，只是，这善良、这付出，必须留点余地。

1. 爱到卑微并不是件伟大的事

张爱玲说："女人在爱情中生出卑微之心，一直低，低到尘土里，然后，从尘土里开出花来。"

因为爱，她觉得胡兰成高贵、伟岸，觉得他是世间最好的男子，他的一切无人企及。遇到了他，她一次次地放低自己，把自己看成一朵卑微的花。他若看到了，她便心生狂喜；他若没有低头，她便永远地埋在尘埃里。一个充满才情的女子，一个冷傲倔强的灵魂，在遇到了所爱之人时，竟没有了飞扬与高贵的脾气。

在这场爱情的"对决"中，张爱玲输了。她输掉的不仅仅是所爱之人，还有那高贵的心灵和从容的姿态。爱到卑微，真的不是一件伟大的事。卑微换不来爱情，也换不来平等与尊重。爱再怎么可贵，也不足以让人牺牲自己，放弃尊严。

相比张爱玲，玛格丽特·米切尔爱得更为高贵。

玛格丽特生来就有一种反叛的气质。成年后的她，因为一时冲动，嫁给了酒商厄普肖，可惜这段婚姻不久便以失败告终。与其说是厄普肖冷酷无情、酗酒成性毁了这段婚姻，不如说是玛格丽特的婚姻爱情观有缺陷。她太迷恋厄普肖了，简直就是一副仰天崇拜的姿态，如此卑微的爱，助长了厄普肖的狂放不羁，他对玛格丽特越来越不在乎。

这场失败的婚姻，让玛格丽特明白了女人在婚姻中的平等性。之后，她很快重新振作起来，又与记者约翰·马什结婚。玛格丽特打破了当时的惯例，在门牌上写下了两个人的名字。她说："我要告诉所有人，里面住着的是两个主人，他们是完全平等的。"更奇异的是，她坚决不从夫姓，这让守旧的亚特兰大社交界大为惊讶。

幸好，约翰·马什也提倡夫妻之间的平等。与他结为夫妇，是玛格丽特的幸运。马什一直支持和深爱着玛格丽特，在他的鼓励和支持下，玛格丽特开始从事她所喜欢的写作。10年之后，《飘》正式出版，玛格丽特一夜成名。

在爱情里，同样不卑微的还有《傲慢与偏见》里的简和伊丽莎白。

简，班纳特家的大女儿，虽不是商贾贵族出身，却从不卑微。从接到宾利妹妹的信，到去伦敦为了"巧遇"宾利却无果而归，再到宾利上门问候却没有任何表示，她燃起的希望一次次地被熄灭。可是，无论内心多么煎熬，她看起来仍然波澜不惊。直到宾利鼓足勇气扔掉所有的客套与礼貌，大声表达他的愧疚与歉意时，她才露出了笑容与感动。在一个贵族男子面前，她没有自卑，不哭不闹，端庄温柔，坚守着"无论你是谁，我还是我"的淡定，着实令人敬畏。

伊丽莎白，班纳特家的二女儿，个性迷人。在那个只能靠嫁个有钱男人改变女人自我价值的年代，她坚守着自己的爱情观，不因出身平平而趋于权贵，也不用金钱去衡量爱情，在傲慢的达西面前，她没有丝毫的自卑与怯懦。她也最终赢得了爱情与尊重。

爱得软弱而卑微的女子，永远不可能成为幸福的女人。因为她给自己贴上了卑微的标签，在感情里是一副讨好的姿态。可惜，这样的姿态，只能换来对方的冷淡和忽视。你爱得越是卑微，越会加速他离开你的步伐，所以，在爱情面前，一定不要自甘卑微。

2. 你不是爱人眼中的“谁谁谁”

在爱情里，女人需要“好自为之”。你的主角永远是你自己，“他”的出现，只是因为你选择了“他”。不管他是谁，陪你走到哪儿，你都要让自己的戏隆重地演下去。就算他离开了，你缺少的也只是一个锦上添花的“男配角”，那份来自生命深处的掌声，那种给予自己幸福的能力，始终掌握在你手里。

30岁的她，在海外工作，单身。

一次旅行中，她认识了他，一个40岁的单身男人。他是某公司的区域经理，常年在海外工作。当时，她对自己的工作不是很满意，留意到他所在的公司很好，便用心与他接触。旅行中，她帮了他一个小忙，他也记住了她。之后，他们就在网上联系，又相约一起出去旅行了几次。渐渐地，两人关系近了，她如愿地进了他的公司，并在他下辖的区域工作。

起初，她只是想利用他的关系。可接触多了，她发现他人品很好，周围的人对他评价也不错。就这样，她爱上了他。他对她也不错，知道她对自己的崇拜，工作上也很照顾她。看着他的“面子”，领导、同事也颇照顾她这个新人。她弟弟出国留学，因为钱不够，他出了一半的学费。

他也有缺点，脾气暴躁。因为工作上的一点小错，他就能把她骂哭。可他又不忌讳别人知道他们的关系，常当着同事的面让她帮他去办一些私人的事。他很少与她交流感情，她觉得很受伤。因为，她已经把他当成了爱人，工作上帮不到他，可在生活上却极力照顾他。

她从未直接表达过自己的爱，他也没有。她有点自卑，有男孩追求她的时候，她故意让他看到。可他并不是那么在意。她心里明白，也许自己根本就不是他结婚的选择。

她经常会陷入痛苦中，她想：为什么要继续维持这段感情？为什么自己还要深陷其中？

她把自己的故事讲给一位情感女作家，问女作家她该怎么办？女作家只回了一段话："我爱得很安静，却从不卑微；我也会走得很干脆，但那不是绝望。作为女人，永远不要爱得卑微，只有把自己当成珍宝，男人才会同样待你。"

后来，她决绝地辞职，离开。她对他说："我爱不起不爱我的人，我的青春也爱不起。我的微笑、我的眼泪、我的青春，只想为我爱的也同样爱我的人挥霍。"

无论爱情还是婚姻，都需要平等和尊重。每个女人都应该做心理上的"女王"，而不是"灰姑娘"。哪怕你再爱一个人，哪怕他是高贵的"王子"，你也要保持理智的头脑，保持一份该有的骄傲，不要过分殷勤，也不要急于讨好。爱得不卑不亢，才能赢得对方的爱和尊敬，你才能掌握爱情的主动权。

生活里，有一些女子，像是攀缘的凌霄花，借着爱人的高枝炫耀自己，以为一生的幸福就是"我是谁的谁"。可惜，"谁的谁"不代表什么，"谁的谁"也不那么重要，自己的未来由自己决定。

三年前的聚会上，许慧出尽了风头。她与读书时判若两人，曾经的短发变成了波浪大卷，看起来妩媚多姿。席间，她不停地询问周围的朋友：买房了吗？你爱人做什么工作？有没有计划到澳洲玩一圈？乍一听，还以为她只是和阔别多年的老友叙旧，可是很快，她的真正用意就暴露了。

接过某朋友的话，许慧故作轻描淡写地说："我爱人下个月要调到澳洲了，以后连周末档夫妻都做不成了。"这话听起来让人不舒服，是在抱怨，还是在显摆？她在感情上的态度很明确：与其在"江湖"上不分昼夜地辛苦"厮杀"，到头来还不知道是悲是喜，倒不如安安静静地找一个好依靠。她总说："我是谁不重要，重要的是，我得成为谁的谁，这个'谁'，包含着许多附加条件——爱我、有钱、有地位，能为我提供优越的物质条件，能为我提供更好的发展平台……"这个"谁"，决定着她的未来。选对了，坐享其成，或是少奋斗几十年；选错了，背着压力过活，能不能熬出来还是个未知数。

果然，有人接茬说："你可以申请一下跟着去喽。我就命苦了，欠着银行几十万元的贷款，什么旅行度假，什么珠宝首饰，这辈子都跟我无缘了，这就是命！你命好，我们可比不了。"

成为谁的谁，真有那么重要？依赖一个人就能改变下半生？

三年后再聚首，许慧已陷入感情危机。养尊处优地过了两年后，丈夫给了她一纸离婚协议。她怎么也想不明白，当初那个男人费尽心思地追自己，为什么才过两年就这么绝情，还闹到要和自己离婚的地步。她说，一定是他爱上了澳洲的那个女秘书；那个女人没有自己漂亮，他一定是"鬼迷心窍"了。

其实，没有谁"鬼迷心窍"。许慧的丈夫说起这件事，也是满腹委屈。当初追求许慧，喜欢的是她高贵的气质，多才多艺，还有那份独立的姿态。可婚后的她，把全部重心都转移到了他身上，这份爱让他很有压力。至于那位女秘书，不如许慧漂亮，可是干练、独立、有主见。他欣赏这样的女人，可是与爱无关。

许慧是不理解的。她在歇斯底里之下，做了很多荒唐事，怀疑丈夫、指责丈夫、侮辱丈夫，弄得周围人都以为是他对不起她。丈夫说，她

"疯"了。如今，他与她彻底分居，等着自动离婚。

生活的故事总能被写进小说，小说的故事也总在生活里上演。

亦舒在《我的前半生》里，写了一个叫子君的女人。子君毕业后就嫁给自己的丈夫，平静地度过15年之后，丈夫有了外遇，要离婚。回想15年的婚姻生活，她除了消遣、娱乐、带孩子，什么也没做。没有社会经历，没有工作。

15年后，韶华逝去，爱人背叛，一切该怎么收场？丈夫已下定决心不回头，自己唯有站起来，才能重新开始。"重生"是痛苦的，要打破原有的习惯，要去融入新的环境。一番挣扎之后，她终于在残酷的现实里找到了一方自己的天地。

再次与前夫在街头相遇时，子君已经焕然一新。她没有伤心感怀，没有凄凄切切，而是勇敢地抬着头，走着自己的路。大步行走的她，没有浓妆华服，没有多余的饰品，只有一件白衬衫、一条牛仔裤、一个大手提袋，头发挽在后面，从头到脚散发着优雅。她的背影，让前夫都感到留恋，觉得自己当初做了一个错误的选择。

多年前，鲁迅先生就用一篇《伤逝》告诉世间女子：无论遇到什么样的情况，最重要的都是独立。人要有独立的经济能力、独立的思想，才能独立生存。女人不能永远做一棵依附在橡树上的常春藤，因为生活时刻在变化。女人要做一株木棉，作为树的形象与对方站在一起，根相握在地下，叶相触在云里，分担寒潮风雷霹雳，共享雾霭流岚虹霓，仿佛永远分离，却又终身相依。

3. 再美的爱情也要有些许的距离

在通往幸福的路上，每个人都渴望有心爱之人的陪伴。可是，有些人能一同抵达幸福的终点，有些人却在中途分道扬镳。相爱的刺猬希望朝朝暮暮在一起，彼此亲密无间，最后只能付出生命的代价。若是彼此保持点距离，也许就可以一直相互依偎，不至于落得如此凄惨。

在爱情的旅途中，两个人该怎样相扶相携才能走得更远呢？爱是需要距离的，恋人之间不可能时刻都亲密无间，否则爱情之花就会凋谢。

女人很爱男人，为他放弃了出国的机会，为他拒绝了“高富帅”的追求。每天上班，她都会为他挂着QQ，自己在公司里的大事小事总会第一时间告诉她。下班时，她会提前开车到他单位门口，两个人一起吃晚饭，然后恋恋不舍地分别。谁都看得出，女人对男人的爱很深，可男人心里却有说不出的苦。

男人总是对朋友说，不在一起的时候会想她，可在一起的时候却又很烦她。周末他想去打球，她却缠着他陪她逛街；下班他想跟哥们儿聚聚，她却非要跟着，不让抽烟、不让喝酒，特别“扫兴”。好几次，男人想提出分开一段时间，可话到嘴边又咽下去了，他知道女人对自己是真心的，他也怕错过这个美好的眼前人。可是，她的爱，实在太沉重了。

两个人虽然还在一起，可明显和过去不太一样了。他变得沉默寡言，冷冷淡淡。她问什么，他只是轻声应和，没表情、没心情。可一听女人说要出差几天，他却变得很殷勤。女人怀疑，他爱上了别人。她没有吵闹，而是转身去找了他们最好的朋友。她知道，如果有什么事，他一定知道。

朋友笑着对她说，是她太多疑。他之所以高兴，是觉得“自由”了。男人需要“放养”，爱情需要“留白”，他有自己的“交际圈”，有自己的“地盘”，你把索要爱情的“触角”伸向了不该伸的“地盘”时，他只会觉得你不可理喻。

她似懂非懂。朋友问她，听过两只刺猬的故事吗？她说没有。

一对刺猬在冬季恋爱了，为了取暖，紧紧地拥抱在一起。可是，每一次拥抱的时候，它们都把对方扎得很疼，鲜血直流。可即便如此，它们还是不愿意分开。最后，它们几乎流尽了身上所有的血，奄奄一息。临死前，它们发誓：“若有下辈子，一定要做人，永远在一起。”上天被它们的爱感动了，决定成全它们。来生，它们转世做了人，并永远地在一起。它们每天朝夕相处，形影不离，每时每刻都黏在一起，可他们一点儿都不幸福。因为，他们是连体人。

她半天没有说话，陷入了沉思。想想他以前过的生活，自由支配自己的时间，做自己喜欢做的事，不用事无巨细都要向她汇报，偶尔喝点小酒、抽点小烟……现在，似乎那些爱好都被剥夺了，而她却从未问过他想要什么，希望她怎么做。或许，她真的需要换一种方式去爱他了。

当女人给予的爱让男人感到过分沉重的时候，他们便会想要逃离。“享受”爱情变成了“索取”爱情，两个人的感情就再也没有最初那般纯美了。

爱情是甜蜜的，但它也有“秉性”，这就如同仙人掌，它明明不需要太多的水分，而你却因为“爱”拼命地浇灌，结果可想而知。你想要呵护自己的爱情，就必须掌握爱的秘诀，那就是适当地保持距离。真正的爱是有“弹性”的，彼此不是强硬的占有，也不是软弱的依附。相爱的人给予对方的最好礼物是自由，两个自由人之间的爱，拥有“张力”，这种爱牢固而不板结、缠绵却不黏滞。没有缝隙的爱是可怕的、令人生畏的，爱情在其中失去了自由呼吸的空气，迟早会因窒息而“死亡”。

距离产生美感，彼此间有一点距离的“张力”，才能营造出一种朦胧美，才能将两个人的心拴得更紧。距离美要求我们对爱坚持“半糖主义”，双方注意保持一定的距离，给彼此留出空间和自由，这样的爱才会持久，才不致令人厌倦。

有人说过：“整天做厮守状的夫妻容易产生敌视与轻视情绪，婚姻的品质也将被毒化。”再美的东西看久了也会腻，相爱的两个人也需要适时地保持一点距离。这份距离，不只是空间上的距离，而是彼此之间在心灵上要有一点“空隙”。

如果你爱上一个人，请给他一点独立的空间和拥有隐私的自由吧！让爱像风筝一样在天空中飞翔，只要你握紧了手中的线，在需要时把他拉回来，让他靠近你，这份爱就不会跑掉，而是会永恒地持续下去。

…… ※ ……

4. 爱若不在了，就放开紧握的手吧

人这一辈子不可能只爱上一个人，对感情的忠贞和专一也不等于盲目坚持或固执己见。该失去的东西早晚都会失去，既然是错误就不要再苦苦支撑。放开握紧的手，让不属于自己的感情随风而去，还自己一片清新自然的天空吧。当你对一个人寄予过高的希望时，你的爱就会变成一种压力；当你对一段感情过于执着时，你的内心就会变得偏激，甚至癫狂。

人要有放手的胸怀，要有改变现状的勇气，更要有重新寻找真爱的信念。俗话说：人不能在一棵树上吊死。我们的生活本来就是一片充满生机和希望的大森林，何必对那些不值得的人过分执着，而让自己丢掉了整片森林呢？

在一次朋友的聚会中，阿娟偶然认识了一个男孩。两个人一见如故，很快便坠入了爱河。3个月后，两个人开始了同居生活。

起初，两个人的感情发展得很顺利，男友对她特别宠爱，两个人经常在一起畅想甜蜜的未来，如买多大的房子、生几个孩子等，有时候两个人一边讨论着一边相拥着笑作一团。这是阿娟第一次正式交男朋友，也是有生以来第一次品尝到爱情带来的满足和幸福。她的内心早已笃定，男友就是她今生一定要嫁的人，所以她把自己所有的希望都寄托在这个男人身上了。

但随着两个人相处的时间越来越长，彼此的缺点和毛病也都显现出来了，矛盾和争吵也出现了。随着争执越来越多，男友对她逐渐冷漠。有一天，阿娟回家时竟然看到男友正在收拾行李准备搬出去住，她赶忙上前阻拦，可最后还是眼睁睁地看着男友甩门而去。出门前男友告诉她，他们两个人不合适，所以还是分手吧。

坐在空荡荡的房间里，阿娟的内心感到了从未有过的恐惧和孤独。她想不明白，一直相处得很好的两个人，怎么能随随便便就分手了呢？她觉得自己的生活已经不能没有男友的陪伴，她相信男友还是爱她的。于是，执着的阿娟决定到男友上班的地方去找他。

也许是对方不愿意见她，阿娟在外面足足等了一天也没有看到男友的身影。就在她精疲力竭的时候，她收到了男友发来的短信："娟，我已经不爱你了，所以我希望你不要再来打扰我的生活。祝你幸福！"

看了短信，阿娟像疯了一样咆哮着："怎么能说不爱就不爱了呢？我不信！我不信！"她哭着飞奔回家，一头倒在床上哭了一晚上。等情绪逐渐平静下来，她开始思考起他们的问题来。她觉得既然是真爱就不应该随便放弃，即使因为一些矛盾让两个人之间暂时出现了隔阂，但只要坚持，他们也一定能够和好如初，所以她决定再次到男友现在住的地方去找他。

走在路上，阿娟的脑海中一直计划着让男友回心转意的各种方法，必要时甚至可以以“死”相逼。可当她走到男友家的楼下时，却被眼前的一幕惊呆了：她看到男友正在和一个女孩甜蜜地抱在一起。阿娟觉得自己整个人都快爆炸了，她不顾一切冲了过去，狠狠地扇了那女孩一个耳光，并冲她大喊：“为什么抢我男朋友？为什么抢我男朋友？”

突如其来的一记耳光，让两个人都吓呆了。待回过神来，男友愤怒地将阿娟推倒在地，恶狠狠地对她说：“你有病啊？不是早和你说清楚了吗？你怎么还纠缠不放呢？”

因为推搡和争斗，阿娟走在回家路上时已经是衣冠不整、头发凌乱了，脸上和身上也都沾满了尘土。她就像是丢了魂，觉得心里空空的，完全看不到生活的希望。她坐在河边的长椅上，心中感慨万千。她真的已经很累了，只想就这样跳进水里结束自己的生命，让自己从这种痛苦中解脱出来。可她又缺少勇气，所以在河边呆呆地坐了很久。

做清洁的大婶看出了阿娟的情绪有些异常，于是赶紧过来坐在了阿娟的旁边，语重心长地对阿娟说：“小姑娘，虽然大婶不知道你遇到了什么事，可人活着不管遇到什么事都得往开处想。你看你那么年轻漂亮，你的未来一定会很美好，更何况你还有爸爸妈妈和那些爱着你的人，你可千万不能做傻事啊！”听了大婶的话，阿娟扑进大婶的怀里，号啕大哭起来。

爱情是生命中非常重要的组成部分，可是，不管爱情有多重要，它也不能成为生活的全部，更不能因为它而断送自己未来的幸福，甚至结束自己的生命。有些人注定是我们生命中的“过客”，如果他们选择了离开，只能说明他们不值得我们去珍惜。重新抖擞精神，继续上路去寻找真正属于自己的幸福，这何尝不是一种对自己负责的表现呢？不要执着于某个人而不肯放手，这样只会弄得两败俱伤，甚至把自己逼到绝境。

罗丹在第一次见到克洛岱尔时，就爱上了她。这一半是因为她那带着野性的美，另一半则因为她罕见的才气。同时，克洛岱尔也主动地向这位比自己年长24岁的男人，敞开了自己纯净和贞洁的少女世界。这完全是由于罗丹的天才吸引了她，因为他很有才华。罗丹的一切天性都从属于雕塑——他炯炯的目光、敏锐的感觉、深刻的思维以及不可思议的手，全都为了雕塑而生，而且时时刻刻闪耀出超人的灵性与非凡的创造力。虽然当时罗丹还没有太大的名气，但他的才气已经很出众。正当盛年的罗丹与洋溢着青春气息的克洛岱尔，如同疾风暴雨、烈日狂潮般，一同拥入他们爱情的酷夏。同时，罗丹也开始了他艺术创作的黄金时代，而此时克洛岱尔不过是青涩的学生。

对于克洛岱尔来说，她所做的，是要投身到一场需付出一生代价的残酷的“爱情游戏”中去。这是一场“赌博”。因为，罗丹有他长久的生活伴侣罗丝和儿子，但是已经跳进爱情旋涡而又陶醉其中的克洛岱尔不可能回到岸边重新选择。她和他只得躲开众人的视线，在公开场合装作若无其事的样子，寻找任何一个可能的机会，任何一点空间和时间，相互宣泄无尽的爱与无法克制的欲望，两个人沉浸在无比美妙的情爱中。

罗丹曾对克洛岱尔说：“你被表现在我的所有雕塑中。”可以看出，克洛岱尔不仅给了罗丹一个纯洁而忠贞的爱情世界，还给了他感悟艺术的一切。无论是肉体的、情感的，还是心灵的，克洛岱尔给罗丹的太多了。

后来，罗丹名扬天下，克洛岱尔却一步步走进人生日渐昏暗的阴影里。克洛岱尔不堪承受长期厮守在罗丹生活圈外的那种孤单与无望，最后精疲力竭，颓唐不堪，终于离开了罗丹，搬到一间破房子里，离群索居。她拒绝在任何社交场合露面，每天默默地凿打着石头。尽管她极具才华，却没有足够的名气。人们仍旧凭着印象把她当作罗丹的一个弟子，所以她卖不掉作品，贫穷使她常常受窘并陷入尴尬，还要遭受雇来帮忙的粗雕工的欺侮。

这期间，罗丹已接近成功。他属于那种活着时就能享受到成功果实的艺术家。他经历了与克洛岱尔那种迎风搏浪的爱情生活后，又返回平静的岸边，回到了在漫长人生之路上与他分担过生活重负与艰辛的罗丝身旁。他买了大房子，过着富足的生活，又在巴黎买下了文艺复兴时期的豪宅别墅，以应酬上流社会的人物。这期间，还有几个情人曾进入了他华丽多彩的生活。罗丹并没有忘记克洛岱尔。他与克洛岱尔的那场轰轰烈烈、电闪雷鸣般的恋爱是刻骨铭心的。他多次想帮助她，但都遭到高傲的克洛岱尔的拒绝。他只有设法通过第三者在中间迂回，在经济上支援她，帮助她树立名气，但这些有限的支持对于克洛岱尔而言，都是一种屈辱，是一种更大的伤害。

在绝对的贫困与孤寂中，克洛岱尔感到自己是个被遗弃者。这种感觉对于她而言如同刀子，往日的爱与赞美也都化为了怨恨。她本来激情洋溢的性格，逐渐变得消沉下来。

1905年，克洛岱尔出现妄想症，她身体很糟，脾气乖戾，狂躁起来会将雕塑全部打碎。1913年3月3日，克洛岱尔的父亲去世，克洛岱尔完全疯了，她脱光衣服，披头散发地坐在那里。克洛岱尔从此与雕刻完全断绝，艺术生命就此完结。1943年，她在蒙特维尔格疯人院中去世。

在疯人院里保留的关于克洛岱尔的档案中注明：克洛岱尔死时没有财物，没有任何有价值的文件，甚至连一件纪念品也没有留下，克洛岱尔自己也认为罗丹把她的一切都掠走了。那么克洛岱尔本人留下了什么呢？卡米尔·克洛岱尔的弟弟、作家保罗在她的墓前悲凉地说："卡米尔，你献给我的珍贵礼物是什么呢？仅仅是我脚下这一块空空荡荡的土地？虚无！一片虚无！"

面对逝去的感情，许多人都只看到了它曾经的美好，只有被这样的感情弄得遍体鳞伤时才明白，原来爱情不仅仅有美好的一面。其实，谁能保证一生只爱一个人？分手是再正常不过的事情。面对失恋，人如果深陷其中，总想做最后的挣扎，甚至认为自己不能生活得幸福，做出疯狂的事情，那么这些都是再愚蠢不过的行为。

人这一辈子就像是一条河流，在遇到险滩的时候，遭遇了激流，因此，便学会了在日后的风雨中如何搏击。成长就是这样一种经历，当

“蜕皮”的痛苦渐渐淡去，重新拥有了重新去爱的能力，“蛹化成蝶”的日子也就不期而至了。

…… ※ ……

5．“八分熟”的爱情刚刚好

真的爱上了一个人，女人总希望能爱到100%；但当你付出了100分的热情时，也就意味着，对男人而言，你不再神秘，他对这段爱情也就不再有幻想的空间了。

一个姑娘，经历过四段刻骨铭心的爱情：

第一个男友，她为他改头换面、倾尽所有，为他辞去了异乡前程似锦的工作，为他疏远了身边的同性、异性好友……她天天在家，做稚嫩的小主妇，买菜、做饭、化妆、等他下班……直到三年之后，她被抛弃。真的像极了电影中的桥段：我苦苦等你，却只换回一条“分手”的短信。

第二段感情大致也是如此，只是她被甩的时间提前了些，不到两年，男友就毫不犹豫地和她说了“拜拜”。

第三段感情也如此，她又一次被抛弃。

连伤三次之后，她自己也纳闷：为什么我总是遇人不淑?！为什么我这个痴情女总遇上薄情郎?！为什么我为他们付出了一切却只换来他们的无情背叛?!

她为此消沉了一段时日。振作起来之后，她做了一个决定：今后，不论遇上什么样的男人，我只做我自己、只做能让我自己高兴的事情，我不再为取悦任何人而生活！

后来她遇到了第四任男友。她已不再是那个为了爱情而活的小女生，如今的她，即便恋爱了，也依旧有独立的生活姿态。陪闺蜜逛街，会推掉和男友的约会；加班赶稿，可以让男友把生日聚会推迟一天；她只买自己喜欢的衣服，只看自己喜欢的电影，偶尔下回厨房，也一定多做一个自己爱吃的菜……想想之前的三段感情，连她自己也觉得对现男友太恶劣了。不过她彻底想通了，恋爱就是为了让自己快乐！她随时随地准备好了分手，她不会再为任何人妥协而放弃自己真实的快乐！

交往一年后，男友特意正式找她谈了一下。她做好了分手的心理准备。没想到，男友说："我们结婚吧。只有你做了我老婆，我才觉得能彻彻底底地把你抓住！"

回想前情旧爱，她感慨良多：曾经那么重视爱情，却屡屡被爱情"甩掉"；如今这么重视自己，却被爱人当成了宝贝！爱情，到底是什么？

大概每个女人，都会经历突然醒悟的成熟。不彻底经历这一从"伤"到"悟"的过程，爱的"学分"，就永远修不及格。

当一个人的关注度过分集中在另一个人身上时，那个人往往会感受到无法承受的沉重。

《东京爱情故事》中，完治对莉香说："你给的爱太重了，我背负不起！"多么令人心伤的一句话！有些男女分开，不是因为不爱，而是因为太爱。人的一种本性是：越是无法完完全全拥有和主宰的东西，越是珍惜和重视；越是不费吹灰之力便收入囊中的东西，越不在意它的价值。

女人在恋爱中应该致力于一种"工作"：你若想彻底拥有他，便不能让他有已然彻底拥有了你的感觉！

让我们一起看看小白兔的恋爱寓言故事吧：

小白兔有一家糖果铺，小老虎有一个冰淇淋机。兔妈妈告诉小白兔，如果你喜欢一个人，就给他一颗糖。小白兔喜欢上了小老虎，那么那么喜欢，忍不住就把整个铺子送给了他。回家后兔妈妈问她："那小老虎喜欢你吗？"小白兔直点头。妈妈说："那他为什么不给你吃个冰淇淋呢？"

小白兔说："他是要给我来着，我说我不爱吃。"兔妈妈说："那你真的不爱吃吗？有七种口味呢，巧克力味的里面还有你最爱吃的杏仁啊。"小白兔用脚划拉着地板，喃喃地说："其实我也没吃过，只是光想着把糖给他了。"

小老虎有了糖果铺，小白兔说："不如我帮你把冰淇淋机推到公园去卖吧。"夏天可真热啊，冰淇淋每天都卖得光光的，大家都夸小白兔好聪明。小白兔呢，还是一口也舍不得吃。她想等小老虎亲手送她一个，小白兔自己也没发现，她最爱的口味已经变成了香草，想要的也不再只是冰淇淋了。

时间一天天过去了，小白兔还是没有吃到冰淇淋。倒是隔壁摊子卖饼干的小熊，给了她一盒小兔子造型的曲奇。小白兔留下糖果铺和冰淇淋机给了小老虎，跟小熊去了更远的小公园卖饼干。兔妈妈问她："你不是不喜欢吃饼干吗，怎么又收下了呢？"小兔子揉着红红的眼睛说："我就是饿了。"

后来小兔子听说，小老虎把冰淇淋机送给了小企鹅，和她一起住在了糖果铺里。小熊把这些告诉小兔子的时候，她耷拉着耳朵呆了很久。小熊开玩笑似的问她："你是不是后悔没有吃个冰淇淋再走呀？"小白兔愣愣地转过脸说："就是有点难受，没能留些糖给你。"

小兔子卖力地帮着小熊卖饼干，没多久又攒了一笔积蓄，买了新的糖果铺。这次兔妈妈千叮咛万嘱咐，她说："宝宝啊，这糖要慢慢地给，不然以后就不甜了。"小兔子嘴上连连答应，心里却想着小熊收到糖果店该多开心啊。她只知道小熊又加班去了，不知道他小鸭子形状的饼干马上就要烤好了。

小兔子回家看到了偷偷藏起来的小鸭子饼干，什么也没有多问，只是跑回家抱着妈妈大哭了一场。她呜咽着和兔妈妈说：“小熊最喜欢吃糖了，我终于可以给他糖果铺了，他为什么要离开我呢？”兔妈妈笑了，她摸摸小兔子的头说：“当他不爱你了，你的糖就不甜了。”

小兔子还是想不通，只好带着糖果铺搬去了更远的地方。小鸭子可不是什么“善茬儿”，她不知从哪里打听到了糖果铺的事。一天饭后，她揶揄地告诉小熊：“哎呀，你可不知道吧，你心里最单纯的小白兔，背着你用卖饼干的钱给自己买了好东西呢。”不久之后，小兔子就收到了小熊的来信。

信里只有短短几句话，大致是说小兔子走后饼干铺子生意一直不好，钱怎么说也是卖饼干挣来的，希望小兔子能把糖果铺还给他。小兔子看完信后眼睛哭成了桃子，她想起了妈妈的话，把铺子给了小熊。兔妈妈说小兔子是“韭菜馅的脑子勾过芡的心”啊，她说，妈妈，其实糖还是甜的，只是人生太苦了。

后来小白兔又爱过几个人，也都无疾而终。这“缺心眼”的小兔子啊，喜欢上一个人，就会使劲对他好，恨不得掏心掏肺给他看。她以为只有这样，才能让爱情活得更久一些。可惜小兔子还不明白，即使是感情，只要太深了，也是“一把刀”。

八成的热度，足以使一段感情维持在最佳状态，多出来的那两成，你需要用它来做更好的自己！

一个女人，若有能力让自己活得光鲜、活得快乐，便足以吸引男人的目光。爱情中，女人，稍稍“自私”一点，不见得是坏事。这种“自私”，也是另一种“自爱”，证明她对自身价值的信心。

那些想爱却总被爱所伤的朋友们，在爱情面前，别太心急。在进入恋爱之前，先修好这“0.8”的学分。这“八成熟”的哲学，能让恋爱走得更顺一些。

在热恋的时候，全身心地付出，甚至超全身心地付出，容易给对方很大的压力，让对方喘不过气来。你越给，对方往往就越想逃。

所以，当你爱一个人的时候，爱到八分刚刚好。所有的期待和希望都只做到七八分，剩下两三分用来爱自己。

对待自己的爱人，有时候就像是管孩子，不能撒手不管，也不能一味迁就。好的恋人就像是好的家长，知道细水长流，知道月满则缺，知道水满则溢，懂得“度”的使用和技巧，这样才可以在爱情中成就自己，也同时塑造对方，让感情的路走得长久、走得甜蜜。

……※……

6. 爱情有没有，并不妨碍你寻找幸福

在很多人眼里，爱情是人生中很重要的一件东西，他们可以为了爱情放弃事业、放弃亲情、放弃友情，甚至放弃自己的生命。顺治皇帝在自己的爱妃去世以后，看破红尘，出家为僧；罗马尼亚国王卡罗尔二世为了爱情两次放弃王位，带着心爱的人流亡国外。可见，爱情的力量是很大的。

然而，英国哲学家培根说过：“过度的爱情追求必然会降低人本身的价值。一切真正伟大的人物，没有一个是因为爱情而发狂的，因为伟大的事业抑制了这种软弱的感情。”在培根眼里，对一个人来说，最重要的东西，并不是爱情。

爱情的确可以带给我们幸福和快乐，但是，我们也应该正确地对待爱情，正确地认识它在我们人生中的地位。即便没有爱情，我们也应该让自己过得幸福、快乐！

紫杉是一个美丽聪明的女孩子，上学期间学习成绩一直都很好，是老师和家长眼中的乖乖女。上大学期间，因为父母经常告诫她不要谈恋爱，还是学习比较重要，乖巧的紫杉听从了父母的劝告，大学期间一直没有谈过恋爱，把时间和精力都用在了学习上。紫杉每次考试都拿一等奖学金，每年都被评为优秀大学生。没有爱情的大学生活，紫杉过得也很充实、很开心。

大学毕业后，紫杉进了一家外企工作。从紫杉刚进公司那天起，公司一个叫林的男生就被清纯、美丽的紫杉吸引了，于是对紫杉展开了追求。紫杉从来没有谈过恋爱，加上林又很会甜言蜜语、温柔体贴的“伎俩”，不久，两个人就开始交往了。可是好景不长，林渐渐厌倦了紫杉，觉得她太不成熟，还没交往多长时间她就吵着要去见家长，还总是絮絮叨叨说一些结婚生子之类的话题。林觉得自己还年轻，不能就这样被一个女人“套住”一辈子，于是，他和紫杉提出了分手。

听到林这个决定的时候，紫杉当时的感觉真如五雷轰顶，这个打击太大了，她几乎把自己以及自己的未来都寄托在了林的身上，如今他却提出分手，还说什么大家都是成年人了，很多事情不必太当真。紫杉一下子病倒了，整整半年的时间，她一直都很消沉，想起那段经历就觉得痛不欲生，工作也辞掉了。她把自己整天锁在房间里，茶饭不思，亲人朋友怎么劝说她都听不进去。到最后，一米七多的紫杉居然瘦到了70多斤。就这样大约过了七八个月，紫杉终于醒悟了，她觉得自己不应该为了一段不美好的感情和一个不负责的人而折磨自己，于是她开始大口地吃饭，开始制作简历、找工作。

找到工作以后，紫杉把自己的全部精力都投入到了工作中，她的事业很快就有了小小的成就。每天下了班她都会去健身房健身，周末的时候和同事们去逛街，或者回家陪陪父母，放长假的时候就去旅游，出去走走，看看不一样的风景和人，放松一下自己的心情。最后，紫杉发现，没有爱情的日子也很快乐和幸福，她感觉到了久违的轻松和自在，也渐渐找回了曾经的自信。紫杉很享受自己现在的单身生活，她也不再去刻意追求爱情，她想什么时候缘分到了，就会遇到适合的那个人了。

没有爱情的生活，同样可以很幸福。没有爱情，那就享受自由的快乐和亲情的温暖吧。没有爱情的日子，同样可以成为我们独特的值得珍惜的人生经历。

安娜是个离过婚的女人，现在自己带着一个女儿生活。她回忆自己刚离婚时候的生活，用“不堪回首”四个字来形容，她说那时候简直觉得生活跌入了深渊，四处都是黑的，看不到一丝光明和希望。她甚至想过结束自己的生命，但是看到可爱的女儿，她又重新鼓起了生活的勇气。她离开了原来生活的城市，“本来就不是自己的故乡，当初是因为爱上前夫，才留在那个城市的”，安娜说。她带着女儿来到自己一直向往的城市——昆明，在一家国际性的连锁公司找到了工作。这家公司的顾客主要是女性，她在那里认识了很多和自己有着相似经历的女性，她从她们那里学到了很多东西，最重要的是她懂得了没有爱情的生活也可以很快乐。现在，安娜和女儿过着快乐幸福的生活，对于爱情，安娜说：“还是有很单纯的希望，只是更加成熟理智了，对于一个人来说，爱情很重要，但是懂得爱自己更加重要。该来的终归会来的。”

不是每个人都那么幸运，可以早早地就遇到那个和自己两情相悦，能够陪伴自己走过一生的人。没有爱情的日子，我们也可以让自己的生活充满阳光：爱自己、爱亲人、爱朋友，去帮助需要帮助的人；自尊、自爱、自信，这也是一种幸福的人生。

第十章

不忘初心，坚守善良

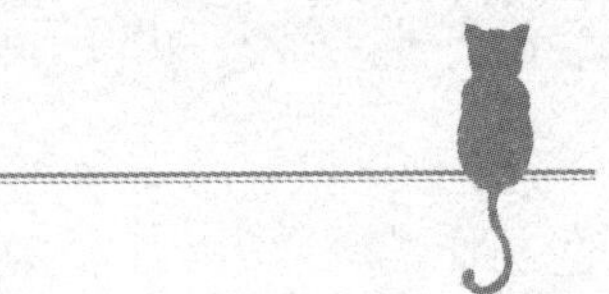

有些人总觉得为人处世难，做个好人难，做个善良而讨人喜欢的人更是难上加难……其实，只要你让自己的善良带一点“锋芒”就可以了，不忘初心，坚守善良。

1. 同流不合污，宜方又宜圆

古语道：“处治世宜方，处乱世宜圆，处叔季之世当方圆并用；待善人宜宽，待恶人宜严，待庸众之人当宽严互存。”意思是：处在太平盛世，待人接物应严正刚直；处天下纷争的乱世，待人接物应随机应变、圆滑老练；处在国家行将衰亡的末世，待人接物要方圆并济、交相使用；对待善良的人，态度应当宽厚；对待邪恶的人，态度应当严厉；对待一般平民百姓，态度应当宽厚和严厉并用。

当我们处于一个“污浊”的环境中时，如果能保持“万花丛中过，片叶不沾身”的操守，不急于撇清自己与这个世界的关系，这也是方圆之道。

所谓“方圆”，古人早有诸多论述。老子的理想道德是自然、是天地、是天圆地方；孔子的理想道德是中庸、是适度、是不偏不倚。这种观念作用于人际，便能促成一种更加和谐的平衡。当然，前提是不管外有多“圆”，都要守住内心的“方”，守住自己的道德底线。

其实，很多人之所以不赞成“众人皆醉我独醒”式的清高，是因为没有一个人能够彻底摆脱这个世界，即便是浮萍，也需要一汪任其漂泊的水，更何况没有几个人从心底愿意做那无所束缚却也无依无靠的浮萍。

孙叔敖原来是位隐士，被人推荐给楚庄王，做了令尹。他善于教化引导民众，因而使楚国上下和睦、国家安宁。

有位孤丘老人很关心孙叔敖，特意登门拜访，问他："高贵的人往往有三怨，你知道吗？"

孙叔敖回问："您说的三怨是指什么呢？"

孤丘老人说："爵位高的人，别人嫉妒他；官职高的人，君王讨厌他；俸禄优厚的人，会招来怨恨。"

孙叔敖笑着说："我的爵位越高，我的心胸越谦卑；我的官职越高，我的欲望越小；我的俸禄越优厚，我对别人的施舍就越普遍。我用这样的办法来避免三怨，可以吗？"

孤丘老人感到很满意，于是离开了。

孙叔敖按照自己说的去做，避免了不少麻烦，但也并非是一帆风顺，他曾几次被免职，又几次被复职。

有个叫肩吾的隐士对此很不理解，就登门拜访孙叔敖，问他："你三次担任令尹，也没有显得荣耀；你三次离开令尹之位，也没有露出忧色。我开始对此感到疑惑，现在看你的气色又是如此平和，你的心里到底是怎样的呢？"

孙叔敖回答说："我哪里是有什么过人的地方啊！我认为官职爵禄的到来是不可推却的，离开是不可阻止的。得到和失去都不取决于我自己，因此才没有觉得荣耀或忧愁。况且我也不知道官职爵禄应该落在别人身上，还是应该落在我的身上。落在别人身上，那么我就不应该有，与我无关；落在我身上，那么别人就不应该有，与别人无关。我的追求是随顺自然、悠闲自得，哪里有工夫顾得上什么人间的贵贱呢！"肩吾对他的话很钦佩。

孙叔敖没有被免职和复职的风波扰乱心绪，而是保持物来则应、物去不留的淡然心境。为人处世，我们确实需要一颗方正的心。有圆无方，则太柔，太柔之人缺筋骨、乏魄力、少大志，难以有大作为；但若有方无圆，则性情太刚，太刚则易折。

“众人皆浊我独清，众人皆醉我独醒”自有其清高自傲，但很多时候常常只能换来屈原式的含恨离世或文人式的抑郁不得志。与之相较，同流世俗不合污，周旋尘境不流俗才是更加明智的选择。

方圆结合才是处世之道，人只要保持内心的高贵与正直，外在的束缚有时候就不是那么重要了。

…… ※ ……

2. 人生不怕，更不悔

每个人心中都有理想和愿望，有的人虽然很努力，但终其一生也没得到回报。但他们从来不会后悔自己曾经付出的热情和汗水。他们勤勤恳恳，从不懈怠，一直执着于心中所爱。他们不害怕未知的明天，也不遗憾于流逝的昨天，无憾无惧地走过一生。

很多年前，一个年轻人打算离开故乡到远方开创一片天地。他临走前，去拜访本族的族长，聆听嘱咐。当时，老族长在练字，当听说年轻人要到外面去闯荡时，写下了“不要怕”三个字。然后，族长抬起头来，对年轻人说：“人生很简单，总结起来就六个字，先告诉你这三个字，就够你半生受用了。”

带着族长送的“不要怕”，年轻人走出了故乡。很多年后，年轻人已到中年，总算有一些成就，同时，他的内心也装满了惆怅。于是他回到了故乡，第一件事就是去拜访族长。但不幸的是老人家已经去世几年了，族长的家人拿给中年人一封信，说："这是族长生前写下留给你的，他知道你会回来的。"这时，他想起来，十几年前，他临走时，族长送他的人生秘诀只有一半，于是，他拆开信封，"不要悔"三个大字赫然在目。

故事中族长写的六个字点透了人生。是的，人在年轻时"不要怕"，对自己的理想和生活要勇敢地追求，不要怕历尽千山万水，只要能坚持就要不断努力，年轻的心应该充满勇气并且无所畏惧，用尽全力地生活，去追逐内心的梦想，尝遍人世间的酸甜苦辣、喜怒哀乐，在度过半生后明白了成功背后的酸甜后，"不要悔"。其实，我们人生的每一步都是独一无二的财富，都是生命对我们的馈赠，"得之我幸，失之我命"，踏实地走好生活的每一步就好。

年轻的时候不要怕，长大了之后不要悔。在生活中，我们曾路过也曾错过，这些像一条条画在人生轨道上的平行线、交叉线。在年少的时候，我们不知道什么需要努力，只能凭借有限的知识和最初的勇气。假如这个时候缩手缩脚，就很难有所成就。等到阅尽人生，我们才能渐渐体会到人生中的遗憾与失落，许多不完美的往事都渐渐浮现在心头。这个时候，最需要拥有的是一颗无怨无悔的心。我们要不断地告诉自己：走过的都是路，唱过的都是歌，而所有的经历都是一种体验。

当年，王明阳被贬至贵州龙场，在这个荒凉之地居住着陌生的少数民族，王阳明生活非常困难。同时，还有人派人追杀他，生活异常艰辛和危险的王阳明，几次从杀手眼皮下逃脱，保全了性命。这时，王阳明觉得，名利得失他早已看透，唯有生命还没琢磨透。于是，王阳明就做了个石棺，躺在里面，对自己说：顺其自然，等待命运的安排吧！这一刻，看透了生死的王阳明，悟透了生与死的意义。他自己省钱尽忠职守，为国、为民鞠躬尽瘁、不遗余力，即使是死了也没有遗憾了，所以，他面对生死也能泰然处之。

人生在世，每个人都想要了无遗憾地度过一生，每个人都想让自己所做的事永远都是正确的，从而实现自己的预期。但这只能是一种美好的幻想，人不可能不做错事，也不可能不走弯路。做错了事、走了弯路之后，能有积极的反省，也是一件好事，至少可以让我们今后的人生之路走得更稳健、更从容。因为反思，所以深刻；因为憧憬，所以希望。在过去和未来的交织下，才有把握当下、不忧不惧、不憾不悔的人生。

不要怕，是说不要害怕明天的风雨；不要悔，是说不要后悔错过的霓虹。我们只要好好把握现在，珍惜此刻的拥有，找到活在当下的勇敢和执着，就一定可以收获美好的人生。

……※……

3．不必“城府”太深，也忌“坦率过头”

凡是“吃过亏”“栽过跟头”的人都喜欢说这样一句话：“忠厚是无用的别名。”也许刻薄了一点，但如果我们仔细想一想，就会发现这句话绝不是空穴来风，更不是教人作恶的不良言辞，而是无数“过来人”在屡屡碰壁之后，归纳总结出来的人生警句。

让我们假设一下，如果你过于忠厚、坦率，别人问什么话都一一作答，等你明白被人“利用”时，那就后悔也已经来不及了。

安佳是一家广告公司的中级职员，在公司她有一个名叫陈曼的相处非常好的同事兼朋友，平常有什么话她都喜欢对陈曼说。周末她们还经常相约出去玩，彼此相处得非常融洽。

有一次，安佳和一个同事一起接待一个客户。中途的时候，那个客户塞给同事一个纸包，说是给的“慰劳费”。同事当时虽然犹豫了一下，但是也没说不要，最后走的时候还是顺便把那个纸包收到了包里。同事出来后，示意安佳不要将这件事说出去，因为这在公司的条例里面是大忌。

这件事过去以后，安佳也没有再提。有一次，安佳和陈曼一起聊天，无意中聊到那个同事。陈曼说：“他的业务能力的确不错，还经常赢得客户的褒奖。”安佳接着话头就说：“是呀，作为一个业务，还有客户给慰劳费，的确是不简单。”话一出口，安佳就知道失言了，而陈曼又盘问起细节来。

安佳起初并不想说，毕竟公司有明文规定，私下收取客户礼金一经发现，绝对是开除，而且自己也答应了那个同事。可是经不住陈曼的一再追问，于是，她把那天的事情说了出来，并且反复对陈曼说不要告诉别人。

结果上班的第二天，那个同事就被经理叫了过去。原来陈曼为了自己能够博得经理的信赖与提拔，把安佳说的话全部告诉了经理。结果，那个同事被勒令辞退，临走的时候，他还痛斥了安佳一顿。

很多时候，轻易相信别人，很容易上当。所以我们在说话时应当谨慎，以便给自己留一分可以后退的余地。

世上总有“人心险恶”的一面，我们要懂得把握分寸。如果总是怀疑一切，拒人于千里之外，说明你不够坦诚；但若不管对方是什么人，都傻呵呵地跑过去“掏心窝子”，一厢情愿地以为一定会收到对方善意的回应，就只能说明你相当幼稚了。

诚实与愚蠢之间的区别就在于此。这就要求我们对待不同的人，说话做事一定要有区别！

真诚并不等于不假思索地将自己的感觉和想法全部说出来。很多时候，你的想法是否正确尚是一个需要判断的问题。在日常生活中，人们对事物的看法多属仁者见仁，智者见智，无所谓对错，如个人的衣食住行、穿衣戴帽、兴趣爱好等。如果你仅仅以个人主观喜好来评判一个人的想法、态度或行为，那么，你的实话实说只能让别人对你产生不好的印象。所以要谨记：做人不可“城府”太深，但也忌“坦率过头”。

…… ※ ……

4．看透不说透，给人“台阶”下

在日常生活中，每个人都是爱“面子”的。我们要想在这样的“人性丛林”里生存，必须了解这一点。

即使你口才如何了得、观点如何独到、知识如何渊博，当你在某些场合看穿了别人的劣势，看到了别人的不足，也只能点到为止，尽量把“台阶”留给别人；切不可为了展现你的才华，逮到机会就大发宏论，咄咄逼人，把别人批评得脸一阵红一阵白，而自己则大呼痛快。这种举动往往会使你有一天吃到“苦头”。

事实上，“面子”问题有时也是一种互助，给人“面子”也是给自己“面子”。如果你有意保住别人的“面子”，别人也会如法炮制，给你“面子”，彼此心照不宣，相互“搭台”。

有位文化界朋友每年都会受邀参加某单位的杂志评鉴工作。这项工作虽然报酬不多，却是一项荣誉，很多人想参加却找不到门路；也有人只参加一两次，就再也没有机会了。有人问他为何年年有此“殊荣”，他都笑而不答，在年届退休，不再参加此项工作后，他才公开了这个秘诀。

他说，他的专业眼光并不是关键，他的职位也不是重点，他之所以能年年被邀请，是因为他很会给人“面子”。

他说，他在公开的评审会议上一定要把握一个原则，即多称赞、多鼓励而少批评。但会议结束之后，他会找来杂志的编辑人员，私底下告诉他们编辑上的缺点。

因此，虽然杂志有先后名次，但每个人都保住了“面子”。也就是因为他顾虑到别人的“面子”，无论是承办该项业务的人员，还是各杂志的编辑人员，都很尊敬他、喜欢他，当然也就愿意找他当评审了！

“金无足赤，人无完人”，大家都是“凡夫俗子”，谁能无过？倘若错误不明显，无关大局，其他人也没发现，你不妨“装聋作哑”；如果对方的错误明显，确有纠正的必要，最好寻找一种能使当事人意识到而不让其他人发现的方式纠正，如一个眼神、一个手势甚至一声咳嗽，都可能解决问题。

总之，无论如何，要诀就是“看透不说透”，给别人一个“台阶”下。

徐少佳去参加一个朋友的婚礼，席间有一位年轻人在说明新郎与新娘的关系时，用了“青梅竹马”这个成语。他为了夸耀自己的博学，还念出了这首诗：“郎骑竹马来，绕床弄青梅。”这首诗是没错的，但是他把作者记错了，原本是李白所写，而他却说是宋代女词人李清照写的。

徐少佳是中文系毕业，再加上年轻气盛，见此，她就毫不客气地当着众人的面，纠正那人的错误。可是不说还好，这样一说，那人反倒更加坚持自己的意见了。

于是，两个人开始争论起来，各不退让。这时候，徐少佳看到自己的大学老师坐在隔桌，高兴地说："咱们别争了，不如找个专家给评评理。"

那个年轻人也不甘示弱地说："评理就评理，谁怕谁。"

最后，他们俩一致同意让徐少佳的大学老师评理。徐少佳满心希望老师对那个年轻人说："你错了，这首诗的作者是李白，不是李清照。"没想到老师却对徐少佳说："你错了，那位先生说的才对。"

徐少佳为此感到非常没"面子"，她不相信老师这么有学问的人，竟也会忘记这首诗。回去的时候，她又去找老师，还未等她开口说话，老师就说："刚才你说对了，那首诗是李白写的。"

徐少佳一听有点糊涂了，纳闷地问："那刚才您怎么说是李清照呢？"

老师看了看她，温和地说："你说的一切都对，但我们都是客人，何必在那种场合给人难堪？"

得饶人处且饶人，退一步海阔天空。聪明的人知道什么时候该静静地面带微笑地听别人说，知道什么时候该给别人"打圆场"，知道什么时候该见好就收，不让对方有一点的尴尬！

俗话说，打人不打脸，其实就是体现了一个"面子"问题。没有哪个人是不爱"面子"的，所以在一些无关紧要的事情面前，尽量不要轻易伤及别人的"面子"，这是"过来人"的经验之谈。你维护了别人的"面子"，就是维护了别人的尊严，这不仅会让对方因你的大度而感激你，也充分表现了你的睿智和自信。

"面子"在我们的生活中已渗透到方方面面。如果我们把关于"面子"的学问灵活运用，举一反三，相信你在人际关系的处理中就会得心应手、游刃有余，你的路也会因此越来越宽、越来越平坦、越来越开阔。

5．保持清醒，当心被“捧杀”

在生活中，当我们被别人追捧、赞扬的时候，要考虑到别人这么做的因素是多方面的：因为爱，就会有偏袒；因为害怕，就会有不顾事实的讨好；因为有求于人，便会有虚夸。所以，我们必须在一片赞扬声中，保持足够清醒的头脑。

人在称赞别人时，有时是没有什么用意的，但有时却是别有居心的。所以，受人赞美时不能乐昏了头，而应在赞美声中领悟对方的用意，以免“吃亏”上当。过多的甜言蜜语犹如高利贷，听得越多、信得越切、持续得越久、越要求付出昂贵的代价。

一只狐狸正在找食物，找了很久也没找到，这时它在河边碰上了一只仙鹤。狐狸脑子一转，计上心来，换了一副笑脸对仙鹤说：“早安，聪明的仙鹤，近来您的身体好吗？”

“很好，谢谢您！狐狸先生，您有什么事吗？”仙鹤很高兴地说。

狐狸凑近一点说：“我有些问题想请教您。如果风从北边吹来，您的头朝什么方向转？”

“当然是朝南面转啦。”

“如果风从西面吹来，您的头朝什么方向转？”

“朝东。”

“怪不得连人类都夸您聪明呢，要我说您一定是世界上最聪明的动物！”

仙鹤已经有些洋洋得意了。狐狸又悄悄地向前靠近了一点问：“那如果风从四面八方刮来，您该怎么办呢？”

仙鹤已经完全被狐狸的奉承话吹晕了，它得意地说：“那我就把头伸进翅膀里去——像这样。”愚蠢的仙鹤边说边把头藏进翅膀下面示范给狐狸看，可是没等它再把头露出来，狐狸就“唰”地往前一扑，狠狠地咬住了仙鹤的脖子。

虽然这只是一则寓言，但是却能给我们很大的启示。生活中，我们也会常常听到赞美声，无论是真诚的还是别有用心的，我们都应该控制自己，保持冷静和清醒，以免成为别人赞美声中的“牺牲品”。

欧洲有位著名的女高音歌唱家，30岁时便已享誉全球，而且已经有了美满的家庭。有一年，她到邻国开一场个人演唱会，这场音乐会的门票早在一年前就已经被抢购一空。

表演结束后，歌唱家和她的丈夫、儿子从剧场里走了出来，堵在门口的歌迷一下子全涌了上来，将他们团团围住。每个人都热烈地呼喊着歌唱家的名字，其中不乏赞美与羡慕的话。

有人恭维歌唱家大学一毕业就开始走红了，而且年纪轻轻便进入国家级的歌剧院，成为剧院里最重要的演员；也有人恭维歌唱家，说她25岁时就被评选为世界十大女高音歌唱家之一；还有人恭维歌唱家有个腰缠万贯的大公司老板做丈夫，还生了这么一个活泼可爱的孩子……当人们赞美她的时候，歌唱家只是安静地聆听，没有任何回应与解答。

直到人们把话说完后，她才缓缓地开口说：“首先，我要谢谢大家对我和我家人的赞美，我很开心能够与你们分享快乐。只是，我必须坦白地告诉大家，其实，你们只看到我们风光的一面，我们还有另外一些不为人知的地方。那就是，你们所夸奖的这个充满笑容的男孩，很不幸的是他是个不会说话的哑巴。此外，他还有一个姐姐，是个需要长年关在铁窗里的精神分裂症患者。”

歌唱家勇敢地说出这一席话，让当场所有人震惊得说不出话来。

我们不能不为这位歌唱家的理智和清醒喝彩！

有多少人曾经在一片赞扬声中，迷惑了双眼，最终导致了失败。最令人扼腕叹息的恐怕是王安石笔下的方仲永了。

金溪县有个叫方仲永的人，他家世世代代以种田为业。方仲永五岁时便能作诗，并且诗的文采和寓意都很精妙，值得玩味。县里的人对此感到很惊讶，慢慢地都把他的父亲高看一等，有的还拿钱给他们。他父亲认为这样有利可图，便每天拉着方仲永四处拜见县里有名望的人，表演作诗，却不抓紧让他学习。到后来，方仲永已与普通人无异。他的天分最终被完全“捧杀”了。

和方仲永不同的是，世界上越是伟大的人物，越能够清楚地认识自己的成功，对待他人的赞美，他们往往是谦虚理智的，有的甚至还很反感别人赞扬他。

在第二次世界大战中，丘吉尔对英伦之护卫有卓越功勋。战后在他退位时，英国国会拟通过提案，塑造一尊他的铜像置于公园，让众人景仰。一般人享此殊荣高兴还来不及，丘吉尔却一口回绝，他说：“多谢大家的好意，我怕鸟儿喜欢在我的铜像上拉屎，还是请免了吧。”

牛顿，这位杰出的学者、现代科学的奠基人，发现了万有引力定律、建立了经典力学基础的牛顿运动定律、出版了《光学》一书、确定了冷却定律、创制了反射望远镜，还是微积分学的创始人……功绩显赫，光彩照人，可当听到朋友们赞扬他的时候，他却说：“不要那么说，我不知道世人会怎么看我。但在我自己看来，这就好像一个孩子在海边玩耍的时候，偶尔拾到几只光亮的贝壳，对于真正的知识的大海，我还没有发现呢。”

古今成大事者、大学问者，正是因为有了能够正确对待他人赞扬的态度和谦逊好学的精神，才到达人生的光辉顶点的。

在你保持头脑清醒和冷静的时候，别人的赞美是对你的赞同、支持和信任，能给你再接再厉的力量，能给你不断攀登高峰、战胜困难的信心和勇气。但一旦你的心被那些赞美声“融化”，你的眼睛被其蒙蔽，那么你就可能会和“方仲永”一样，成为别人“捧杀”的可怜又可悲的“牺牲品”。

…… ※ ……

6. 拒绝他人巧说“不”

拒绝别人最好不要直言说“不”，而是要讲求一定的技巧，语中藏“不”。下面几种方法可供借鉴。

(1) 幽默轻松，委婉含蓄

办事都要讲求原则，不符合原则的事坚决不能办。如果某人向你提出的要求，是不符合原则的，不答应该要求，这就叫坚持原则。不能为保持一团“和气”而丧失立场，不论什么样的关系，该拒绝的一定要拒绝。但同时要保持说话方式的灵活性，根据人际关系的类型和特点，根据语言交往的内容、场合和时间等的不同，采取灵活的策略，做到原则性和灵活性的统一。讲究灵活性，很重要的一点是委婉含蓄。

美国前总统富兰克林·罗斯福在就任总统之前，曾在海军部担任要职。有一次，他的一位好朋友向他打听海军在加勒比海一个小岛上建立潜艇基地的计划。罗斯福神秘地向四周看了看，压低声音问道：“你能保密吗?”“当然能。”“那么，”罗斯福微笑地看着他，“我也能。”

富兰克林·罗斯福采用的是委婉含蓄的拒绝，其语言具有轻松幽默的情趣，表现了罗斯福高超的语言艺术，在朋友面前既坚持了不能泄露机密的原则立场，又没有使朋友陷入难堪，达到了极好的语言交际效果。相反，如果罗斯福表情严肃、义正词严地加以拒绝，甚至心怀疑虑，认真盘问对方为什么打听这个、有什么目的、受谁指使，其结果必然是两人之间的友情出现裂痕甚至危机。

委婉拒绝是希望对方知难而退。

有人想让庄子去做官，庄子并未直接拒绝，而是举了一个例子，说：“你看到太庙里被当作供品的牛马了吗？当它尚未被宰杀时，披着华丽的布料，吃着最好的饲料，的确风光，但一到了太庙，被宰杀成为牺牲品，再想自由自在地生活着，可能吗?”

庄子虽没有正面回答，但一个很贴切的比喻已经回答了让他去做官是不可能的，这种方法就是委婉拒绝。

(2) 献可替否，转移重心

“献可替否”是一个成语，意思是建议可行的而替代不该做的。当对别人所托之事自己不能帮忙时，应在讲明理由之后，帮忙想一些别的办法作为替补。因为一般人都有一种补偿心理，如果你想的办法不是很理想，但你已经尽力了，对方的情感便会得到满足，这在一定程度上减少了失望感；如果你的办法帮助别人圆满解决了问题，别人也会很满意。

小王和小李是一对好朋友。有一天，小王来到小李的单位请求小李帮他一个忙——为他的未婚妻报仇。原来小王的未婚妻被车间主任欺侮了，小王发誓要为未婚妻报仇，并买了一把锋利的弹簧刀，但考虑到车间主任人高马大，自己对付不了他，于是请小李帮忙。小李听后，心中很明白，尽管车间主任不好，应该教训教训，但如果感情用事，伤到了他，那是会触犯法律的。因此，小李决定说服小王放弃计划，他问小王："你爱你的未婚妻吗?"

"爱，当然爱，不然我就不理这件事了。"小王回答说。

"这就好，爱一个人不容易，真正爱上一个人，不管她遇上多么大的不幸，都是不会动摇爱的决心的，相反，还要帮助她从不幸之中解脱出来。如果你感情用事，那并不是爱她，而是在害她。她不会为此而感谢你，相反会恨你。坏人是必须要受到惩处的，但这要靠法律。车间主任的行为是犯法的。这样吧，我帮你和你的未婚妻运用法律的手段来惩处车间主任吧，我相信，法律会给你们一个满意的答复的。"

小王听了小李的一番话，打消了用暴力报仇的念头，并最终运用法律手段惩处了那位车间主任。

这个例子中，小李听了小王的请求，并没有感情用事，而是先讲了一番道理，把话题的重心由报仇转移到运用法律手段来解决，使得小王明白了自己的糊涂用事，在重心的转移中问题得到了圆满解决，小李也由此拒绝了小王复仇的请求，这就是"献可替否"的妙用。假设小李不这样做，而是满口答应帮助小王去报仇，那肯定会发生悲剧，到头来自己也会跟着受到法律的制裁。

(3) 敷衍式的拒绝，含糊回避

敷衍式的拒绝是最常见的一种拒绝方法，敷衍是在不便明言回绝的情况下，含糊回避请托人。敷衍是一种艺术，运用好了会取得良好的效果。

有一次庄子向监河侯借贷，监河侯敷衍他，说道："好！再过一段时间，等我去收租，收齐了，就借你300两金子。"监河侯的敷衍很有水平，不说不借，也不说马上借，而是说过一段时间收租后再借。这话有几层意思：一是我目前没有，现在不能借给你；二是我也不是富人；三是过一段时间不是确指，到时借不借再说。庄子听后就很明白了。

敷衍式的拒绝具体可分为以下几种：

①推托其辞

在不便明言相拒的时候，推托其辞是一种比较有策略的办法。如有人托你办事，假如你是领导成员之一，你可以说，我们单位是集体领导，像你的事，需要大家讨论才能决定，不过，这件事恐怕很难通过，最好还是别抱什么希望，如果你实在要坚持的话，待大家讨论后再说，我个人说了不算数。这就是推托其辞，把矛盾引向了另外的地方。听者听到这样的话，一般都会打"退堂鼓"，会说："那好吧，既然是这样，我也不难为你了，以后再说吧！"

②答非所问

答非所问是"装糊涂"，给请托者以暗示。

如"此事您能不能帮忙？"

"我明天必须去参加会议"。

答非所问，既婉拒了对方，对方也会从你的话语中感受到你的态度。

③含糊拒绝

如"今晚我请客，请务必光临。"

"今天恐怕不行，下次一定来。"

下次是什么时候，并没有说定，实际上给对方的是一个含糊不定的概念。对方若是聪明人，一定会听出其中的意思，不会再强人所难。

(4) 做出与问话意思错位的回答

错答也是一种机警的语言表达技巧，既可用于严肃的交际场合，也可用于风趣的交际场合。它的主要特点是不正面回答问话，也不反唇相讥，而是用话岔开所问，做出与问话意思错位的回答。

一个美丽的姑娘独自坐在酒吧间里，看得出来她一定出身豪门。一位青年男子走过来献殷勤："这儿还有人坐吗？"他低声问。

"到阿芙达旅馆去？"她大声说。

"不，不，你弄错了。我只是问这儿有其他人坐吗？"

"您说今夜就去？"她尖叫道，比刚才更激动。

这位青年男子被她弄得狼狈极了，红着脸到另一张桌子上去了。许多顾客愤慨而轻蔑地看着这位青年男子。

这就是很典型的错答，是用来排斥对方和躲闪真实意思的交际手段，那位姑娘运用得很成功。

运用错答的语言技巧，一是要注意对象和场合；二是要使对方明白既是回答又不是回答，潜在语是不欢迎对方的问话；三是要利用问话的含混意思，答话虽模棱两可，似是而非，但对方也无法责怪。

(5) 引用名人名言、俗语或谚语

在拒绝别人的时候，可以引用名人名言、俗语或谚语等来作答，以表明自己的意思，或佐证自己的观点。这种方式的好处是很明显的，既增加了说话的权威性与可信度，又省去了许多解释和说明，还能增添口语的生动性与感染力。

汉光武帝刘秀的姐姐——湖阳公主死了丈夫后，看中了朝中品貌兼优的宋弘。一次，刘秀招来宋弘，以言相探："俗话说，人地位高了，就该换自己结交的朋友；人富贵了，就该换自己的妻子，这是人之常情吗？"宋弘回答说："我只听说过'患难之交不可忘，糟糠之妻不下堂'。"

宋弘自然深知刘秀问话之意，但他进退两难。应允吧，有悖自己的人品，也对不起贫贱相扶的妻子；含糊其词吧，会招来麻烦；直言相告吧，既不得体，又有冒犯"龙颜"之患，所以他引用古语来"表态"，委婉而又直截了当地表明了自己的态度。

(6) 截断对方的问话或请求

截断对方的问话或请求，在对方还没有说出，或者还没有说完某个意思时，即做出错答，也是一种很好的拒绝技巧。为什么不等对方问清楚，就抢先回答呢？有以下两种原因：一是等对方把问话全说出来，就会泄露出某种秘密，难以收拾；二是待听全问话再回答，比较被动，不好应付。因此，考虑到对方要问什么，在他的问话未说完时，就迅速按另外一个方向的思路做回答，一是可以转移其他听众的注意力，二是可以使问者领悟，改换话题，免于因说破而造成尴尬局面或其他不良后果。

一对青年男女在一起工作，男方对女方产生了爱慕之情，男方急于表白心愿，女方虽心领神会，却不愿让友情向爱情方面发展，女方认为还是不要说破，保持一种纯真的朋友情谊为好。于是，出现了下面的断答：

男青年：我想问问你，你是不是喜欢……

女青年：我喜欢你给我借的那本公关书，我都看了两遍了。

男青年：你看不出来我喜欢……

女青年：我知道你也喜欢公共关系学，以后咱们一起交换学习心得吧。

男青年：你有没有……

女青年：有哇！互相切磋，向你学习，我早就有这个想法了。

男青年：……

这位女青年三次断答，使得男青年明白了她的想法，于是，不再问了。这比让他直率问出来，女青年当面予以拒绝的结果要好得多。

断答要求才思敏捷，语言技巧娴熟。因为，首先，断答前要摸准对方的心理，“你一张口我就知道你要问什么”“未闻全言而尽知其意”，这比错答的要求要高。其次，要能抢得自然而恰当，能瞒过在场的其他听话人。最后，断答往往需要几个回合才奏效，因为抢一两次，对方往往还不能领悟答话者的真意，或者略略知道而不甘心，继续发问，这就要求“连抢”多次，才能不漏破绽，达到目的。这种方式难度大，技巧性强，但若运用得当，效果极佳。

(7) 幽默对答

一位面孔美丽的女明星对大文豪萧伯纳说：“如果我们结婚，生下的孩子有你的头脑、我的面孔，那有多好！”“不，”萧伯纳愁眉苦脸地对答说，“如果生下的孩子有我的面孔、你的头脑，那有多糟！”

萧伯纳是举世公认的幽默大师，他的机智能使遭到拒绝的人不那么难堪，在诙谐中知难而退，这点，正是我们需要学习的。许多难于启齿的话，在不得不说出来的时候，最好找到最佳的表达方法说出，否则不但达不到目的，还会使友谊决裂。

最好的方法之一，便是以幽默的方式表达，不但效果好，而且也不伤感情，万一有什么不快，还可以推说是在开玩笑，不必负责任。

7. 聪明也要适可而止

“君子之心事，天青日白，不可使人不知；君子之才华，玉韫珠藏，不可使人易知。”意思是：君子的内心应该像青天白日一般明朗，光明正大，没有一丝一毫的阴影与黑暗。但他的才华和能力却应该像珠玉一样深深地藏起来，不可轻易向世人炫耀。

三国时期，杨修在曹操手下任主簿，起初曹操很重用他，但杨修却不安分起来，起先还只是要要小聪明。如有一次有人送给曹操一盒奶酪，曹操吃了一些，就又盖好，并在盖上写了一个“合”字，大家都弄不懂这是什么意思，杨修见了，就拿起勺子和大家分吃，并说：“这‘合’字就是叫人各吃一口啊，有什么可怀疑的!”

还有一次，工匠正建造新相府，才造好大门的构架，曹操亲自来察看，没说话，只在门上写了一个“活”字就走了。杨修一见，就令工人把门造窄。别人问为什么，他说门中加个“活”字不是“阔”吗，丞相是嫌门太大了。

杨修其人，有个毛病就是不看场合，不分析别人的好恶，只管卖弄自己的小聪明。当然，光是这些也还不会出什么大问题，谁想他后来竟渐渐地搅和到曹操的家事里去了。

在封建时代，统治者为自己选择接班人是一个极为严肃的问题，而那些有希望成为接班者的人，简直都“红了眼”，所以这种斗争往往是最凶残、最激烈的。但是，杨修却偏偏不识时务地挤到这场危险的“赌博”里去，而且还不忘卖弄他的小聪明。

曹操经常会试探曹丕、曹植的才干，每每拿军国大事来征询他们的意见。杨修就替曹植写了10多条答案，曹操一有问题，曹植就根据条文来回答。因为杨修是相府主簿，深知军国内情，曹植按他写的答案陈述当然事事中的，曹操心中难免产生怀疑。后来，曹丕买通曹植的随从，把杨修写的答案呈送给曹操，曹操气得两眼冒火，愤愤地说：“匹夫安敢欺我耶！”

又有一次，曹操让曹丕、曹植出邺城的城门，却又暗地里告诉门官不要放他们出去。曹丕第一个碰了钉子，只好乖乖回去。曹植闻知后，又向他的“智囊”杨修问计，杨修干脆告诉他：“你是奉魏王之命出城的，谁敢拦阻，杀掉就行了。”曹植领计而去，果然杀了门官，走出城去。曹操知道以后，先是惊奇，后来得知事情真相，愈加气恼，于是开始“找茬”，打算除掉这个不知趣的家伙了。

机会果然来了，建安二十四年（公元219年），刘备进军定军山，他的大将黄忠杀死了曹操的爱将夏侯渊，曹操亲自率军到汉中来和刘备决战，但战事不利，要前进害怕刘备，要撤退又怕被人耻笑。一天晚上，护军来请示夜间的口令，曹操正在喝鸡汤，就顺口说了句：“鸡肋。”杨修听到以后，便又耍起小聪明来，居然不等上级命令，只管命令随从军士收拾行装，准备撤退。曹操知道以后，他竟说：“魏王传下的口令是‘鸡肋’，可鸡肋这玩意儿，弃之可惜，食来无味，正和我们现在的处境一样，进不能胜，退恐人笑，久驻无益，不如早归。所以我才先准备起来，免得临时慌乱。”曹操一听，差点气炸，大怒道：“匹夫怎敢造谣乱我军心！”于是喝令刀斧手，把杨修推出去斩首，并把其首级悬挂在辕门之外，以让不听军令者为戒。

虽然曹操事后不久果真退了兵，但平心而论，杨修之死也确实不冤。

试想两军对垒，是何等重大之事，怎能根据一句口令，就卖弄自己的小聪明，随便行动呢？无论有没有前面所说的那些芥蒂，单这一点也足以说明杨修其人是恃才傲物、我行我素、只相信自己而不考虑事情的后果的。我们应把他作为前车之鉴，切不可把他当成聪明的楷模。

每个人都有表现自己的欲望，特别是当别人还没有发现自己的长处时，那种欲望就愈发强烈。表现欲是为了证明自己的优秀，但“表现”和优秀有时并不成正比，决定优秀的是成绩，不是表现。过分表现有时会引起他人的不满、妒忌，这会使表现效果大打折扣。更可怕的是，当“出风头”成为一种习惯时，人就会忘乎所以，在各种场合显摆自己、炫耀自己，这种行为带来的不是他人的肯定，而只会暴露出自己的肤浅。所以，聪明要适可而止，不可过分卖弄。